JN134100

Custody Transfer Measurement of LNG

LNGの計量

船上計量から熱量計算まで

春田三郎 著

成山堂書店

序

二国間を海上輸送される商品の取引に関わる売買契約には貨物の受け渡し場所が指定されている。積地港において貨物の受け渡しが行われる契約の代表例がFOB（Free On Board）であり、揚地港で貨物が受け渡しされる契約の代表例がDES（Delivered Ex Ship）である。LNGの取引において前者を条件とする場合は、売主が管轄する出荷基地から買主が手配した船にLNGが積載された時点でその所有権が売主から買主に移転し、後者を条件とする場合は、売主が手配した船から買主が管轄する受入基地に揚荷された時点で所有権が移転する。受け渡しされた数量を決定するために行われるLNGの計量（Custody Transfer Measurement）は、LNGの所有権が移転する地点において実施され、その結果は取引単位となる百万BTU（British Thermal Unit）単位の熱量として示される。熱量単位で示される取引数量を求めるため、LNGの計量には移送されたLNGの容積の確定に加えてサンプルの採取と分析が必要となる。

積地または揚地において引き渡されたLNGの容積は、輸送に携わるLNG船の貨物タンクにおいて計測される。いずれの地においても荷役開始前にLNG船の貨物タンク内に存在するLNGの容積と荷役終了後に存在するLNGの容積の差が移送されたLNGの容積となる。本書では「1.船上計量」においてLNG船のタンク内にあるLNGの液位及び温度ならびにLNGの上方にあるガスの温度及び圧力等の計測手順について説明した。タンク容量表を用いてタンク内にあるLNGの容積を液位から求める方法もこの章で説明してある。

船上計量に使用されるレベル計、温度計、圧力計及び傾斜計の要件等ならびにタンク容量表の内容は「2.船上計量機器及びタンク容量表」に取りまとめた。この章にはLNGの船上計量で使用される静電容量式、レーダー式及びフロート式の各レベル計や測温抵抗体型温度計等の計測原理ならびに精度が説明してある。

サンプリング設備と連続サンプリング法の手順の概要は「3.サンプリング」に記した。受け渡しされたLNGを代表するサンプルの採取は積荷または揚荷と並行して実施される。陸上の移送ラインから採取されたLNGのサンプルは、気化、集積という過程を経て分析用サンプル容器にサンプルガスとして充填される。

LNGの計量に関わる分析では、サンプルガスに含まれる炭化水素等の成分を定量することにより移送されたLNGの化学的組成が決定される。「4.分析」の前半では、サンプルガスの定量分析に使用されるガスクロマトグラフや標準ガス等について概説し、後半では混合標準ガスとサンプルガスの分析結果からサンプルガスの組成を計算する方法について説明した。

積荷または揚荷されたLNGの熱量は、船上計量で決定されたLNGの移送容積ならびにそのLNGの液密度と単位質量当たりの熱量から算出される。LNGの液密度と単位当たりの熱量は、サンプルガスの組成に基づいて決定される。リターンガスの熱量は、LNGの移送に伴い返送されるガスの容積と単位容積当たり発熱量から求められる。売主から買主へ引き渡された熱量は、積荷または揚荷されたLNGの熱量とリターンガスの熱量の差となる。「5.熱量計算」では計算例を交えながらこれらの計算について説明した。気化したLNGの指標となる単位容積当たり発熱量やウォッベ指数の計算方法はこの章の後段に示してある。

LNGの計量の時系列的な流れと本書各章の内容は以下の図に示す関係にある。

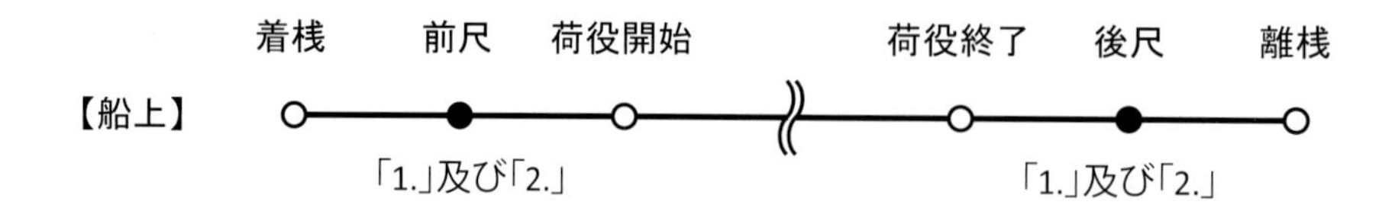

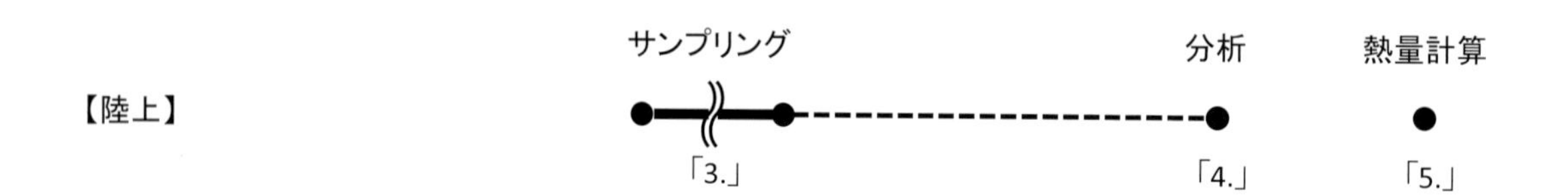

LNGの船上計量、サンプリング、分析及び熱量計算は当事者間で締結された個別の売買契約書に規定されている方法にしたがって実施される。船上計量機器とタンク容量表の要件も売買契約書に定められている。本書では一般的なLNGの売買契約書中に見られる条項を要所において例示した。LNGの計量に関連する国際規格等の内容も随所で参照してある。LNGの計量に関連する規格類の番号及び名称は参考資料として巻末に掲げてある。

目　次

図表目次

図

表

Measurement on board

1．船上計量

売主から買主に引き渡されたLNGの熱量は取引のために使用されたLNG船が輸送したLNGの容積を基に決定される。このため、FOB等の契約条件に基づき積地で受け渡し数量が決定される場合は売主が管轄する出荷基地から買主が手配したLNG船に積み込まれたLNGの容積を決定するための船上計量が積荷前後に実施され、揚地で受け渡し数量が決定されるDES等の場合は売主が手配したLNG船から買主が管轄する受入基地に陸揚げされたLNGの容積を決定するための船上計量が揚荷の前後に実施される。LNGの取引において、受け渡しされる貨物の対価が陸上タンクにおける計量結果に基づいて決定されることはない。

売買契約条項例１－１に見られるように、LNGの売買契約では契約の対象となるLNGの輸送に従事するLNG船を用船している側の売買当事者が船上計量を実施する立場に置かれる。船上における計量は本船の乗組員が行う作業に出荷基地または受入基地の職員や売買当事者の代理人が立ち会うという形をとる。

売買契約条項例１－１

[Buyser/Seller] shall determine the volume of LNG delivered by measuring the liquid level, liquid temperature, vapor temperature and vapor pressure in each cargo tank of LNG Carrier immediately before and after [loading/unloading].

[買主/売主]はLNG輸送船の各貨物槽内にあるLNGの液位、液温度、ガス温度及びガス圧力を[積荷/揚荷]の直前及び直後に計測することにより移送されたLNGの容積を決定しなければならない。

LNGの揚荷はタンク内に少量のLNGを残した状態で終了となる。これは次の積地おいて積荷前に行われるタンクの冷却作業（クールダウン）を軽減するとともにタンク内に残留しているLNGを揚地から積地へと向かう航海の推進用燃料として利用するためである。積荷前にも揚荷後にもタンク内にLNGが存在するため、移送されたLNGの容積を決定するための船上計量は積地においても揚地においても荷役の前後に実施される。

荷役直前に実施される計量を前尺、荷役直後に実施される計量を後尺と呼ぶ。積荷の場合は後尺により決定されたLNGの容積から前尺により決定されたLNGの容積を差し引いた容積が移送されたLNGの容積となり、揚荷の場合は前尺により決定されたLNGの容積から後尺により決定されたLNG の容積を差し引いた容積が移送されたLNGの容積となる。

LNGは１港積み１港揚げされるため、LNG船の船上にあるすべてのタンクが計量の対象となる。

図１－１は契約条件と船上計量の関係を表したものである。

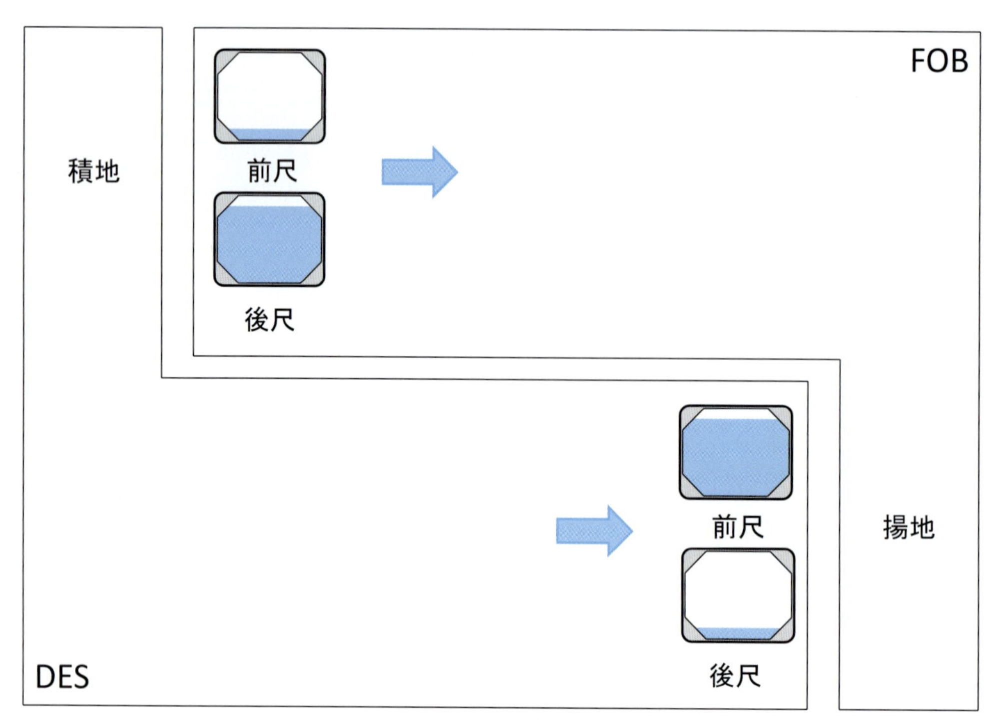

図１−１　契約条件と船上計量

LNG船の船上で実施される前尺及び後尺では、

（１）　各タンク内のLNGの液位

（２）　各タンク内のLNGの液温度

（３）　各タンク内のガスの温度

（４）　各タンク内のガスの圧力

（５）　船体の縦方向の傾斜（トリム）

（６）　船体の横方向の傾斜（リスト）

が計測される。

LNG船のタンク内にあるLNGの液位はそれぞれのタンクに設置されているレベル計により計測される。計測された液位に対してはガス温度や船体の傾斜に応じた修正が施される。前尺時または後尺時にタンク内に存在するLNGの容積は修正後の液位からタンク容量表を用いて求められる。LNG及びその上方にあるガスの温度はそれぞれ液中及びガス中にある温度検出部により計測される。各タンクのガスの圧力はデッキ上に設置された圧力計により計測される。船体のトリム及びリストの計測にはLNG船の居住区内にある傾斜計が使用される。

引き渡された熱量の計算には移送されたLNGの容積及び前尺時または後尺時の液温度が使用される。リターンガスが有する熱量の計算には前尺時または後尺時のガス温度及びガス圧力が使用される。

液位や温度、圧力の計測は船上計量システム（CTMS：Custody Transfer Measurement System）により行われる。船上計量システムにはタンク容量表のデータも

表1－1　CTMレポート

	TANK 1	TANK 2	TANK 3	TANK 4
LEVEL, m				
No. 1	37.049	37.194	37.099	37.206
No. 2	37.049	37.194	37.099	37.206
No. 3	37.049	37.194	37.098	37.206
No. 4	37.049	37.194	37.099	37.206
No. 5	37.049	37.194	37.099	37.206
AVERAGE LEVEL	37.049	37.194	37.099	37.206
TRIM CORRECTION	−0.001	−0.001	−0.001	−0.001
LIST CORRECTION	0.000	0.000	0.000	0.000
THERMAL CORRECTION	−0.140	−0.140	−0.140	−0.140
CORRECTED LEVEL	36.908	37.053	36.958	37.065
LIQUID VOLUME, m^3				
LIQUID VOLUME	35,792.047	35,653.248	35,864.362	35,819.574
VOLUME SUMMED	143,129.231	@−160 ˚C		
THERMAL EXPANSION FACTOR	1.00002	@−159.2 ˚C		
CORRECTED VOLUME	143,132.094	@−159.2 ˚C		
TEMPERATURE, ˚C				
100 %	−137.55 V	−136.10 V	−136.66 V	−134.51 V
75 %	−159.30 L	−159.24 L	−159.32 L	−158.60 L
50 %	−159.32 L	−159.24 L	−159.37 L	−158.62 L
25 %	−159.32 L	−159.24 L	−159.39 L	−158.78 L
0 %	−159.32 L	−159.24 L	−159.37 L	−158.96 L
TANK AVG VAPOR TEMP	−137.6	−136.1	−136.7	−134.5
SHIP'S AVG VAPOR TEMP	−136.2			
TANK AVG LIQUID TEMP	−159.3	−159.2	−159.4	−158.7
SHIP'S AVG LIQUID TEMP	−159.2			
PRESSURE, kPaA				
TANK VAPOR PRESSURE	112.5	112.5	112.4	112.5
AVG VAPOR PRESSURE	112.5			

記録されており、自動的に計算された各タンク内のLNGの液容積がCTMレポート（Custody Transfer Measurement Report）としてプリントアウトされる。表1－1は揚地における後尺時のCTMレポートの例である。

計量に際してLNG船の貨物タンクを外部と隔離した状態とするため、貨物タンクから機関室に至るガス配管のマスターバルブやマニフォールドにあるガス用緊急遮断弁は前尺

船上計量（写真提供：Emerson, www.emerson.com）

または後尺前に閉止される。ガス燃焼ユニット、燃料ガスポンプ、気化器、スプレーポンプ等の機器も停止される。前尺及び後尺はタンク内の液とガスが平衡状態となってから十分な時間が経過した後に行われる。計量中に船体の傾斜が変化することを避けるため、前尺及び後尺の実施中に船内のバラストや燃料等を移動することは望ましくない[1]。ISO 10976:2015は船上計量システムが正常に作動していることを計量開始前に確認するよう求めている[2]。

1.1　液位計測

1.1.1　計測手順

一般的なLNG売買契約書は一定の間隔で行われる複数回の液位計測の平均値をそれぞれのタンク内にあるLNGの液位とするよう定めている。売買契約条項例１－２ではレベル計による計測を１ミリメートル単位で実施し、５回の計測結果の平均値を四捨五入することにより１ミリメートル単位に丸めるよう規定している。このような規定はISO 10976:2015にも見られる[3]。計測間隔についてはこの契約例のように可能な限り短くするよう規定される場合と15秒等の具体的な間隔が示されている場合がある。液位の計測に際して５回の計測結果の中に異常な値が認められる場合は、問題となる値を除いた値から平均値を求めるか、改めて５回の計測を行うことにより対処される。

1　ISO 10976:2015 6.1.2

2　ISO 10976:2015 5.4

3　ISO 10976:2015 6.2.2

売買契約条項例 1－2

Measurement of liquid level in each cargo tank of LNG Carrier shall be made to the nearest millimeter by using the main level gauge. Should the main level gauge fail, the measurement of liquid level shall be made by the auxiliary level gauge. In any case, five (5) readings shall be made in as rapid succession as possible. The arithmetic average of these readings rounded to the nearest millimeter shall be deemed the liquid level of LNG in each tank.

LNG輸送船の各貨物槽における液位の計測は正レベル計を用いてミリメートル単位で行わなければならない。正レベル計が故障した場合は副レベル計を用いて液位の計測が行われなければならない。いずれの場合も、連続した５回の読み取りを可能な限り速やかに行うこととする。これらの読み取り値を算術平均し、ミリメートル単位に丸めた値を各貨物槽内にあるLNGの液位とする。

1.1.2　レベル計の選択

LNG船の各タンクには正副２基のレベル計が設置されている。売買契約条項例１－２にも示されているように、通常時の前尺及び後尺は正レベル計を用いて行われ、副レベル計は正レベル計が使用できない場合にのみ使用される。ただし、正レベル計の不具合のために前尺に副レベル計を使用したときは、その後に正レベル計が復旧した場合であっても、後尺にも副レベル計が使用される[4]。これは同一のレベル計を使用すればレベル計固有の定誤差を相殺することができるとの考えかたに基づいている。荷役中に復旧された正レベル計の精度確認を後尺前に行うことも困難である。前尺で使用した正レベル計が荷役中に故障した場合は副レベル計により後尺を行うこととなる。正レベル計と異なる機種の副レベル計を揚地における後尺に使用する場合はそのレベル計の測定可能最小液位を荷役終了前に確認しておく必要がある。

LNG船の正レベル計にはインベンシス社により製造された静電容量式レベル計またはエマソン・プロセス・マネージメント社やコングスバーグ・マリタイム社により製造されたレーダー式レベル計が使用されている。副レベル計にはバルチラ・UK・リミテッド社やヘンリ・システムズ・ホランド社により製造されたフロート式レベル計が多く使用されている。

1.1.3　液位に対する修正

レベル計により読み取られる液位は計測時の環境における見掛け液位である。タンク容量表を用いて前尺時または後尺時における各タンク内のLNGの容積を求めるためには、それぞれのタンクで測定された見掛け液位に対して以下の修正を加えることが必要となる。

（1）　トリム修正及びリスト修正

液位に相当する液容積が記載されているタンク容量表の主表はタンクが水平にある状態

4　ISO 10976:2015 6.2.6.1

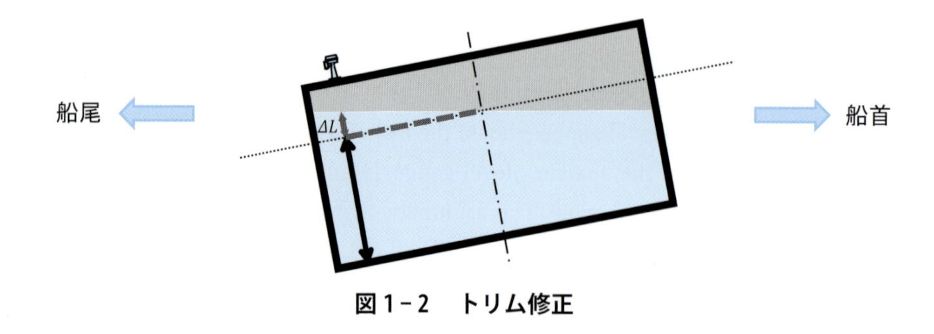

図１−２　トリム修正

を前提として作表されている。メンブレン型タンクではレベル計はタンクの後部に設置されるため、図１−２に示すように船体が船首尾方向に傾斜している場合（船体がトリムを有している場合）はレベル計により読み取った液位に対してタンクの傾斜から生じる液位の差（ΔL）を修正する必要がある。傾斜に応じた修正量はタンク容量表に含まれているトリム修正表に記載されている。タンク中央部にあるパイプタワーの内部にレベル計が設置されるモス型タンクはメンブレン型タンクに比べてトリム修正量が小さい。

船体が正横方向に傾斜している場合（船体がリストを有している場合）も同様の修正が必要となる。メンブレン型タンクでもレベル計はタンクの左右方向の中心に近い位置に設置されるため、傾斜角が同じであってもリスト修正量はトリム修正量より小さくなる。リストに対する修正はタンク容量表中のリスト修正表を用いて行う。

トリムとリストの方向及び量は表１−２のように表現される。

表１−２　トリム及びリスト

0.5 m B/H	0.5 m by the head	船首寄りトリム0.5メートル
E/K	Even keel	トリムなし
1.2 m B/S	1.2 m by the stern	船尾寄りトリム1.2メートル
0.1° to P	0.1° to port	左舷寄りリスト0.1°
U/R	Up right	リストなし
0.2° to S	0.2° to starboard	右舷寄りリスト0.2°

前尺及び後尺はトリム及びリストのない状態で行うことが理想的であるが、揚荷の場合には1.5 メートル程度の船尾寄りトリムをつけた状態で後尺が行われることもある。入渠前や用船契約終了時等に際してタンクが空に近い状態になるまで揚荷する場合の後尺では、さらに大きなトリムがつけられることもある。

【計算例１−１】

右に示すトリム修正表から船尾寄りトリム0.2メートルの状態で計測された見掛け液位37.049メートルに対するトリム修正値を求める。表中の修正値はミリメートル単位で示されている。

Gauge m	E/K	0.5m B/S
37.00	0	−2
37.10	0	−2

【解答】
上表より、船尾寄りトリム0.2メートルに対応するトリム修正値は、

液位37.00mにおいて：$-2\times\frac{0.2}{0.5}=-0.8$ mm

液位37.10mにおいて：$-2\times\frac{0.2}{0.5}=-0.8$ mm

と計算される。

よって、液位37.049メートルに対するよりトリム修正値は-0.8≒-1ミリメートルとなる。

（2） 温度修正

LNG船の各タンクに設置されているレベル計はその検出部とタンクの双方がそれぞれ一定の基準温度において正しい液位を示すよう設定されている。このため、液位計測時のガス温度がレベル計検出部の基準温度と異なる場合や液温度やガス温度の変化に伴いタンクが垂直方向に伸縮する場合はレベル計により測定された見掛け液位に対する温度修正が必要となる。タンク容量表に含まれているレベル計に対する温度修正表に示されている修正値はレベル計自体に対する温度修正とタンクの収縮に対する温度修正の双方を含んでいる。

液位検出部となるテープまたはワイヤーがガス温度の変化に伴い収縮するフロート式レベル計は見掛け液位に対する温度修正が必要となる。ガス温度の変化の影響を受けるレーダー式レベル計により計測された液位に対しても温度修正が必要となる。検出部となる電極の基準温度が-160℃として製造されている静電容量式レベル計では温度修正を行う必要はない。

温度によって高さが変化するモス型タンクに設置されたフロート式レベル計やレーダー式レベル計により測定された液位に対しては、デッキ上にあるレベル計の計測基準点から液面までの距離（アレージ）をガス温度に対応して修正するとともに、液面からタンク底部までの距離（サウンディング）を液温度に応じて修正する必要がある。メンブレン型タンクは温度により高さが変化しないため、タンク高さの変化に対する修正は不要である。静電容量式レベル計はタンク容量表の基準点となるタンク底面から液面までの距離を直接計測するため、タンク高さの変化を考慮する必要がない。

図1－3はアレージとサウンディングの関係をレベル計毎に表したものである。表1－3は温度修正の必要性をタンク形式とレベル計の型式別にとりまとめたものである。

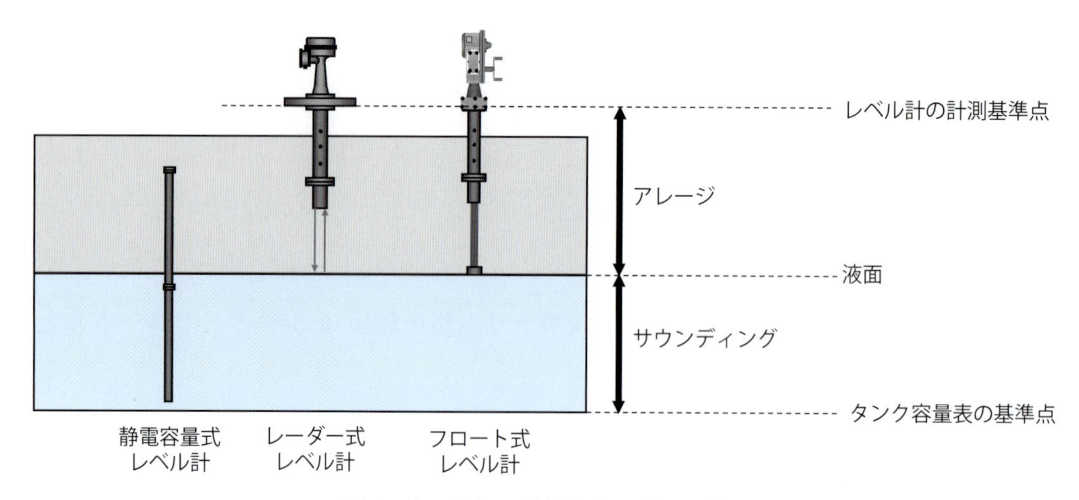

図1－3　アレージとサウンディング

表1－3　レベル計に対する温度修正

	モス型タンク	メンブレン型タンク
静電容量式レベル計	不要	不要
レーダー式レベル計		
ガス温度の影響を受けるもの	必要	必要
ガス温度の影響を受けないもの	必要	不要
フロート式レベル計	必要	必要

【計算例１－２】

Gauge,	Vapour temperature, ℃	
m	−138	−136
37	−140	−140
38	−140	−140

右に示すレベル計に対する温度修正表からレーダー式レベル計により測定された見掛け液位37.048メートルに対する温度修正値を求める。タンク内のガス温度は-136.2 ℃とする。タンクはモス型、計測に使用したレベル計はガス温度の影響を受けるものとする。表中の修正値はミリメートル単位で示されている。

【解答】

上表は液位が37メートルから38メートルの間に存在し、ガス温度が-136.0 ℃から-138.0 ℃の間にある場合の温度修正値が-140ミリメートルとなることを表している。これらの間にある液位37.048メートル、ガス温度-136.2 ℃に対する温度修正値は-140ミリメートルとなる。

（3）　密度修正

タンク内にあるLNGの液面に浮くフロート式レベル計のフロートの喫水はLNGの液密度により変化する。フロート式レベル計は基準となる液密度に応じて設定されるため、液位計測時の液密度が基準とされた液密度と異なる場合はタンク容量表に含まれる密度修正表を用いて喫水の変化量を修正する必要がある。

【計算例 1 − 3 】
下の密度修正表からフロート式レベル計により
（ 1 ）　液密度466.78 kg/m^3

Density, kg/m^3	Correction
464.5 — 475.7	0
475.8 — 487.5	− 1

（ 2 ）　液密度476.10 kg/m^3
のLNGの液位を計測した際に必要となる密度修正値を求める。

【解答】
（ 1 ）　液密度466.78 kg/m^{3}は464.5 kg/m^{3}と475.7 kg/m^{3}の間にあるので、密度修正は必要ない。
（ 2 ）　液密度476.10 kg/m^{3}は475.8 kg/m^{3}と487.5 kg/m^{3}の間にあるので、密度修正は-1ミリメートルとなる。

1.1.4　静電容量式レベル計及びレーダー式レベル計による液位計測

長期にわたるLNGプロジェクトに従事するLNG船の船上計量システムには売買契約条項例 1 − 2 に示すような売買契約書の内容が反映されている。レベル計により読み取られた液位の平均及び必要となる修正ならびに液容積の算出は船上計量システムにより行われ、結果はディスプレイに表示されるとともにプリンターから出力されるCTMレポートに印字される。これら一連の作業は自動的に行われるが、計測値の正当性やばらつき等は状況に応じて人が判断する必要がある。積地での後尺に際しては計画された積み込み量に対応

表 1 − 4　CTMレポート（液位計測）

	TANK 1	TANK 2	TANK 3	TANK 4
LEVEL, m				
No. 1	37.049	37.194	37.099	37.206
No. 2	37.049	37.194	37.099	37.206
No. 3	37.049	37.194	37.098	37.206
No. 4	37.049	37.194	37.099	37.206
No. 5	37.049	37.194	37.099	37.206
AVERAGE LEVEL	37.049	37.194	37.099	37.206
TRIM CORRECTION	−0.001	−0.001	−0.001	−0.001
LIST CORRECTION	0.000	0.000	0.000	0.000
THERMAL CORRECTION	−0.140	−0.140	−0.140	−0.140
CORRECTED LEVEL	36.908	37.053	36.958	37.065

する各タンクの液位、揚地での前尺に際しては積地における後尺液位からの変化量等を参照し、船上計量システムから出力された液位の妥当性を検証することが望ましい。また、短期用船されたLNG船の船上計量システムにはその取引のために合意された計量手順が反映されてない場合もある。スポット貨物として取引されるLNGの計量に際しては船上計量システムが実行した手順が売買契約書に規定されている液位計測手順と一致していることを確認する必要がある。

表1－4は表1－1のCTMレポート例より液位計測に関連する部分を抜粋したものである。ここに示されている液位の計測回数や平均値の求め方は前掲の売買契約条項例1－2と整合している。表中の修正値はメートル単位で示されている。

1.1.5 フロート式レベル計による液位計測

フロート式レベル計による液位計測は下記の手順にしたがい行われる。フロート式レベル計により計測された液位の読み取りでは荷役制御室内にある遠隔指示器の表示値よりもデッキ上にある現場指示器の表示値が優先される。フロート式レベル計は船上計量システムと電気的に統合されていない。

（1） 液位計測に使用するフロート式レベル計の最高巻き上げ値を確認した後にフロートをLNG液面までゆっくり降下させる。最高巻き上げ値は最後に実施された精度検査の結果を参照する。

（2） フロートが液面に浮いた状態でフロートとテープまたはワイヤーの温度が安定するまで待つ。温度が安定するのに要する時間は状況により異なるが、少なくとも10分は待つ必要がある。

（3） 液面の直上でフロートを上下させることにより売買契約書に定められた回数の液位計測を行う。液位の読み取り単位も売買契約書の規定にしたがう。フロートを上下させる距離は50センチメートル程度が目安とされている。

（4） 現場指示器で読み取った値を平均し所定の単位に丸めた値をそのタンクの見掛け液位とする。

（5） タンク容量表に含まれているトリム修正表及びリスト修正表を用い、見掛け液位に対してトリム修正及びリスト修正を行う。

（6） タンク容量表に含まれているレベル計に対する温度修正表と密度修正表を用い、トリム及びリスト修正後の液位に対して温度修正及び密度修正を行う。温度修正には計測を行ったタンクのガス温度の平均値を適用する。密度修正に使用するLNGの液密度は組成分析の結果を基に計算された値を使用する。本船の出港までに分析結果が得られなかった場合は本船出港後に液位を決定することとなる。

フロート式レベル計により液位の測定を行った場合は、表1－5に示すような手書き用

表 1－5　フロート式レベル計による液位測定

	TANK 1
LEVEL,　m	
No.　1	37.050
No.　2	37.047
No.　3	37.048
No.　4	37.051
No.　5	37.049
AVERAGE LEVEL	37.049
TRIM CORRECTION	-0.001
LIST CORRECTION	0.000
THERMAL CORRECTION	-0.140
DENSITY CORRECTION	0.000
CORRECTED LEVEL	36.908

書式を利用して必要な修正が行われる。表中の液位はメートル単位で示されている。

1.2　温度計測

1.2.1　計測手順

売買契約条項例 1－3 に示すとおり、液温度及びガス温度の計測は各計測点において 1 回、液位計測と同時に実施される。読み取りは0.01 ℃単位で行われることが多い。液温度とガス温度はそれぞれ四捨五入により0.01 ℃単位または0.1 ℃単位に丸められる。

売買契約条項例 1－3

At the same time liquid level is measured, measurement of liquid temperature and vapor temperature in each cargo tank of LNG Carrier shall be made to the nearest 0.01°C by using the main thermometer. Should the main thermometer fail, the measurement of liquid temperature and vapor temperature shall be made by the auxiliary thermometer. In any case, one (1) reading shall be taken at each measuring point. The arithmetic average of these readings rounded to the nearest 0.1 °C with respect to vapor and liquid in all cargo tanks shall be deemed the liquid temperature and vapor temperature respectively.

LNG輸送船の各貨物槽における液温度及びガス温度の計測は正温度計を用いて液位の計測と同時に摂氏0.01度単位で行わなければならない。正温度計が故障した場合は液温度及びガス温度の計測は副温度計により行わなければならない。いずれの場合も読み取りは各計測点において 1 回とする。これらの読み取り値をすべての貨物槽を通じて液とガス毎に算術平均し、摂氏0.1度単位に丸めた値を液温度及びガス温度とする。

1.2.2　温度検出部の選択

LNG船には各タンクに正副 2 基の温度計が設置されており、それぞれの温度計は 5 個または 6 個の温度検出部を有している。正温度計の温度検出部はタンク内において垂直線上に配置されており、正温度計の検出部に不具合が生じた場合に使用される副温度計の検出部は正温度計の検出部に隣接して設置される。船上計量システムは正温度計を構成する一連の検出部の中から問題となる検出部のみを副温度計の検出部に切り替えることができる。

タンク内に設置される温度検出部は荷役中に修理したり交換したりすることができないため、正温度計の検出部の故障に伴い前尺に副温度計の検出部が使用された場合は後尺にも副温度計の検出部が使用される。

1.2.3　温度の判定

LNGの液面に近いガスの温度は液温度より低くなる場合があるため、液面の直上に位置する温度検出部からの出力値の属性を温度の高低に基づいて判断すると本来であればガス温度として判断されるべき温度を液温度として認識してしまう可能性がある。測定された温度が液温度であるかガス温度であるかは温度計検出部が設置されている位置と温度計測時における液位との相対的な位置関係に基づいて判断されなければならない。近代的なLNG船では温度検出部により測定された温度が液温度であるかガス温度であるかの判定が船上計量システムにより自動的に行われるが、液面近くにある温度検出部により測定された温度についてはその判定結果を検証することが望ましい。液温度かガス温度かの判断が困難な場合には問題となる温度検出部が示す温度を除外することも検討すべきである[5]。積地における前尺時の液温度及び後尺時のガス温度ならびに揚地における前尺時のガス温度及び後尺時の液温度は熱量計算の結果に影響を及ぼさない。

表１－６は表１－１のCTMレポート例より温度計測に関連する部分を抜粋したものである。第１列に示されているパーセンテージはタンクの高さに対する温度検出部の設置位置である。各計測点において測定された温度に付されている符号LとVはそれぞれの温度が

表１－６　CTMレポート（温度計測）

	TANK 1	TANK 2	TANK 3	TANK 4
TEMPERATURE, °C				
100%	-137.55 V	-136.10 V	-136.66 V	-134.51 V
75%	-159.30 L	-159.24 L	-159.32 L	-158.60 L
50%	-159.32 L	-159.24 L	-159.37 L	-158.62 L
25%	-159.32 L	-159.24 L	-159.39 L	-158.78 L
0%	-159.32 L	-159.24 L	-159.37 L	-158.96 L
TANK AVG VAPOUR TEMP	-137.6	-136.1	-136.7	-134.5
SHIP'S AVG VAPOUR TEMP	-136.2			
TANK AVG LIQUID TEMP	-159.3	-159.2	-159.4	-158.7
SHIP'S AVG LIQUID TEMP	-159.2			

5　ISO 10976:2015 6.2.7.1

船上計量システムにより液温度またはガス温度と判断されたことを表している。

1.2.4　平均温度の算出

売買契約条項例1－3にも示されているとおり、引き渡されたLNGの平均液温度は液中にあるすべて温度検出部により計測された液温度を全タンクを通じて合計し、その値をそれら温度検出部の個数で除した値となる。タンク毎に平均した液温度の合計をタンク数で除した値を平均液温度とする方法は数値丸めを2回行うことになるので望ましくない。これは平均ガス温度の求め方についても当てはまる。

全タンクを通じた平均液温度または平均ガス温度はモス型タンクの温度収縮係数を求めるためにも使用される。レベル計に対する温度修正値はタンク毎に算出された平均ガス温度から求められる。

明らかに異常な温度または疑義のある温度が船上計量システムから出力された場合は以下のいずれかの方法により平均温度を求めることとなる。

（1）　計測されたすべての温度について再計測を行う。

（2）　同一タンク内で直上または直下に位置する温度計測点における液温度を問題のある温度計測点に代入した上で全タンクを通じた平均液温度を求める。ガス温度は垂直方向の分布が大きいためこの方法を適用できない。

（3）　他のタンクの同じ高さにある温度計測点における液温度またはガス温度の平均値を問題のある温度計測点に代入した上で全タンクを通じた平均温度を求める。この方法はガス温度にも適用することができるが、平均ガス温度にはタンク毎の温度分布の違いから生じる誤差が含まれることを認識しておく必要がある。液温度の場合であっても、表1－6のように特定のタンクの液温度が他のタンクの液温度と異なっている場合があることに注意する必要がある。

（4）　問題となる液温度またはガス温度を除外し、残りの液温度またはガス温度を平均した値を全タンクを通じた液温度またはガス温度とする。

ガス温度は測定点によるばらつきが大きいため、上記（2）を適用して求めた平均ガス温度と（3）を適用して求めた平均ガス温度の間には差が生じやすい。ただし、ガス温度の違いが引き渡された熱量の計算結果に与える影響はさほど大きくない。

1.3　圧力計測

1.3.1　計測手順

LNG船のタンク内においてLNGの上方に存在するガスの圧力は各タンクに設置されている圧力計により液位の測定と同時に測定される。タンク毎に1回行われる圧力計測は船上計量システムにより自動的に実行される。

圧力の単位にはミリバールが使用される場合とキロパスカルが用いられる場合の双方があるが、いずれの場合も真空をゼロとする絶対圧［mbAまたはkPaA］として表される。売買契約条項例１－４ではミリバールが使用されている。売買契約書に示されている圧力単位と本船の船上計量システムに設定されている圧力単位が異なる場合は、１ミリバールを0.1キロパスカルとして換算することができる。

売買契約条項例１－４

At the same time liquid level is measured, measurement of vapor pressure in each cargo tank of LNG Carrier shall be made to the nearest 0.1 kilopascal by using the pressure gauge. One (1) reading shall be taken at each cargo tank. The arithmetic average of these readings at all cargo tanks rounded to the nearest 0.1 kilopascal shall be deemed the vapor pressure.

LNG輸送船の各貨物槽におけるガス圧力の計測は圧力計を用いて液位の計測と同時に0.1キロパスカル単位で行わなけれならない。読み取りは各貨物槽において１回とする。すべての貨物槽のおけるこれらの読み取り値を算術平均し、0.1キロパスカル単位に丸めた値をガス圧力とする。

1.3.2　平均ガス圧力の算出

売買契約条項例１－４は各タンクにおいて0.1キロパスカル単位で測定された圧力を平均した上で四捨五入により0.1キロパスカル単位に丸めるよう規定している。これはタンク毎にミリバール単位で測定された圧力からミリバール単位の平均圧力を求めることに等しい。

異常な圧力が検出された場合は問題となる値を除いた圧力値から平均圧力が算出される。ただし、複数のタンクにおいて異常な圧力が検出された場合はこの方法の妥当性について検討する必要がある。積地における後尺時のガス圧力及び揚地における前尺時のガス圧力は熱量計算に使用されない。

表１－７は表１－１のCTMレポート例からガス圧力の計測に関連する部分を抜粋したものである。この例に示されている圧力の単位はキロパスカルである。

表１－７　CTMレポート（圧力計測）

	TANK 1	TANK 2	TANK 3	TANK 4
PRESSURE, kPaA				
TANK VAPOR PRESSURE	112.5	112.5	112.4	112.5
AVG VAPOR PRESSURE	112.5			

1.4　トリム・リスト計測

1.4.1　傾斜計によるトリム及びリストの決定

近代的なLNG船では船体の傾斜角が居住区内またはデッキ上の構造物内に設置された傾斜計により測定される。売買契約条項例１－５は売買契約中の傾斜計に関する規定である。

売買契約条項例 1 − 5

At the same time liquid level is measured, measurement of trim and list of LNG Carrier shall be made by the inclinometer to the nearest 0.01 meter and 0.01 degree respectively. One (1) reading each shall be taken with respect to trim and list.

LNG輸送船のトリム及びリストの計測は傾斜計を用いて液位の計測と同時にそれぞれ0.01メートル及び0.01度単位で行わなければならない。トリム及びリストの読み取りはそれぞれ１回とする。

船体に設置された傾斜計により測定された船首尾方向の傾斜角（トリム）は式１－１によりメートル単位に換算することができる。傾斜計によるトリムの決定は傾斜計が設置されている箇所においてのみ行われるため、船体の撓み（ホギングまたはサギング）が大きい場合はドラフトマークの読み取り値から決定したトリムと必ずしも一致しない。

$$T = L_{BP} \times \tan\theta \qquad \text{（式１－１）}$$

上式中、

T：トリム［m］

L_{BP}：垂線間長［m］

θ：船体の傾斜角［°］

船体の正横法の傾斜（リスト）は傾斜計により計測された傾角が船体のリストとなる。

【計算例１－４】

垂線間長L_{BP} 205メートルのLNG船が船尾寄りに0.5°の傾斜角θを有しているときのトリムTを求める。

【解答】

式１－１に垂線間長 L_{BP}及び傾斜角θを代入する。

$$\begin{aligned} T &= L_{BP} \times \tan\theta \\ &= 205 \times \tan 0.5^\circ \\ &= 1.8\text{m B/S} \end{aligned}$$

1.4.2　ドラフトマークの読み取りによるトリム及びリストの決定

LNG船の船体側面には図１－４に示す高さ10センチメートルの数字（ドラフトマーク）が船首尾及び船体中央の両舷計６ヶ所に20センチメートル刻みで表示されており、トリム及びリストの測定に傾斜計を利用することができない場合はこれらを目視により読み取った値から船体の傾きが決定される。船体が正横方向に傾斜している場合は、着岸舷と反対側の舷に標されている船体中央部のドラフトマークも読み取る必要がある。

船首及び船尾の喫水もそれぞれ船体の左右両舷に標されているドラフトマークを読み取った値の平均値から求める。図１－５のようにドラフトマークの標されている位置が船首垂線または船尾垂線と一致していない場合は、式１－２及び式１－３により求めた船首垂線と船尾垂線における喫水からトリムを算出しなければならない。

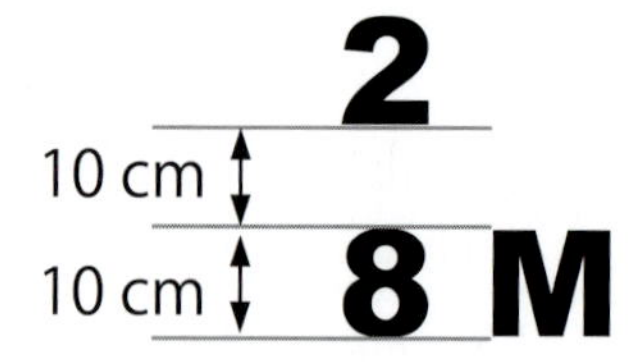

図１－４　ドラフトマーク

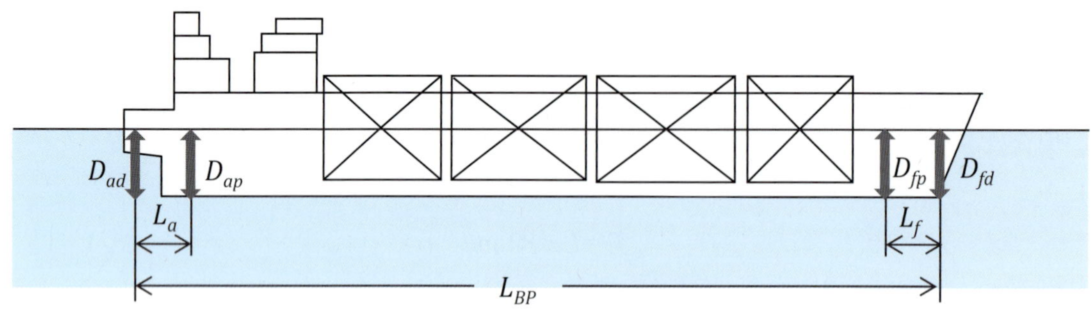

図１－５　ドラフトマーク標示位置

船首喫水

$$D_{fp}=\frac{(|D_{fd}-D_{ad}|)\times L_f}{L_{BP}-L_f-L_a}\pm D_{fd} \qquad （式１－２）$$

D_{fd}の符号は船首寄りトリムの場合にプラス、船尾寄りトリムの場合にマイナスとなる。

船尾喫水

$$D_{ap}=\frac{(|D_{fd}-D_{ad}|)\times L_f}{L_{BP}-L_f-L_a}\pm D_{ad} \qquad （式１－３）$$

D_{ad}の符号は船首寄りトリムの場合にマイナス、船尾寄りトリムの場合にプラスとなる。

上式中、

L_{BP}：垂線間長［m］
L_f　：船首垂線から船首ドラフトマークまでの距離［m］
L_a　：船尾垂線から船尾ドラフトマークまでの距離［m］
D_{fp}　：船首垂線における喫水［m］
D_{ap}　：船尾垂線における喫水［m］
D_{fd}　：船首ドラフトマークの読み取り値［m］
D_{ad}　：船尾ドラフトマークの読み取り値［m］

リストは船体中央の両舷に標されているドラフトマーク読み取り値の差と船体の幅から下式により計算する。

$$\theta = \tan \frac{\Delta D}{B} \qquad \text{（式 1 - 4 ）}$$

上式中、

θ ：リスト[°]

ΔD：左右のドラフトマーク読み取り値の差［m］

B ：船体の幅［m］

1.5　移送された液容積の決定

1.5.1　液容積に対する温度修正

前尺時または後尺時にLNG船のタンク内にある液の容積は、それぞれのタンクにおける修正済みの液位からタンク容量表中の主表を用いて求めることができる。すべてのタンク内にある液の容積を合計した値が前尺時または後尺時の液容積となる。

タンク容量表の主表に記載されている液容積はタンクの基準温度における容積であるため、温度によって容積が変化するモス型タンクやSPB型タンクの場合は液位測定時の温度に応じた温度修正を行う必要がある。モス型タンクのタンク容量表の基準温度は-160 °Cとされていることが多い。各タンクの液容積の修正はタンク容量表に含まれている液容積に対する温度修正表を用いて行われる。

計量時におけるタンク温度は直接計測することができないため、液容積に対する温度修正値は以下のいずれかの温度から求められる。

（1） 積地前尺では前尺時における全タンクを通じた平均液温度または平均ガス温度
（2） 積地後尺では後尺時における全タンクを通じた平均液温度
（3） 揚地前尺では前尺時における全タンクを通じた平均液温度
（4） 揚地後尺では前尺時における全タンクを通じた平均液温度

【計算例 1 - 5 】

右の主表から揚地における前尺で得られた修正後の液位36.908メートルに対応するLNGの液容積 v_1を求める。

Gauge m	Volume m^3
36.90	35,787.755
36.91	35,793.120

【解答】

表に示されている液位の間隔（0.01メートル）に占める液位36.90メートルと36.908メートルの差の比率は0.8である。液位36.90メートルに対応する液容積（35,787.755立方メートル）と36.91メートルに対応する液容積（35,793.120立方メートル）の差は5.365立方メートルである。よって、液位36.908メートルに対応する液容積 v_1は、液位36.90メートルに対応する液容積（35,787.755立方メートル）に容積差（5,365立方メートル）に0.8を乗じた容積を加えた値となる。

$$v_1 = 35{,}787.755 + (35{,}793.120 - 35{,}787.755) \times 0.8$$
$$= 35{,}792.047\text{m}^3$$

【計算例 1－6】

右の液容積に対する温度修正表から基準温度－160 ℃で作成されたタンク容量表により求められたLNGの液容積143,129.231立方メートルを平均液温度－159.2 ℃における液容積 V_1に換算する。

Temperature ℃	Correction factor
-159.2	1.00002

【解答】

液温度－159.2 ℃における液容積 v_1はタンク容量表の基準温度（－160 ℃）における液容積（143,129.231立方メートル）に平均液温度（－159.2 ℃）に対応する温度修正値（1.00002）を乗じた値となる。

$$V_1 = 143{,}129.231 \times 1.00002$$
$$= 143{,}132.094\text{m}^3$$

1.5.2　積荷または揚荷されたLNGの液容積

売買契約条項例 1－6 に示すように前尺により決定された液容積 V_1と後尺により決定された液容積 V_2の差が移送されたLNGの液容積 Vとなる。

売買契約条項例 1－6

The total volume of LNG in each cargo tank of LNG Carrier both before and after [loading/unloading] shall be calculated to the nearest 0.001 cubic meter. The volume of LNG [loaded/unloaded] shall be the difference between the total volume of LNG [before loading/after unloading] and the total volume of LNG [after loading/before unloading]. The volume of LNG [loaded/unloaded] shall be rounded to a cubic meter.

LNG船の各貨物槽内にあるLNGを合計した容積は[積荷/揚荷]の前後において0.001立方メートルで算出されなければならない。[積荷/揚荷]されたLNGの容積は [積荷前/揚荷後]におけるLNGの総容積と[積荷後/揚荷前]におけるLNGの総容積の差とする。[積荷/揚荷]されたLNGの容積は立方メートル単位の整数に丸めなければならない。

表 1－8 及び表 1－9 は揚荷に際しての前尺時及び後尺時のCTMレポートの関連部分を抜粋したものである。このLNG船のタンク容量表の基準温度は-160 ℃である。表 1－9 で使用されている後尺時の温度修正値（1.00002）は前尺時の液温度（-159.2 ℃）から求められている。

前尺時及び後尺時の液容積はいずれもタンク容量から小数点以下3桁の数値で得られるため、積荷または揚荷された液の容積も小数点以下3桁の数値となる。売買契約条項例1－6はこの値を立方メートル単位の整数に丸めるよう規定している。

表1－8　CTMレポート（揚荷前尺時）

	TANK 1	TANK 2	TANK 3	TANK 4
LIQUID VOLUME, m^3	35,792.047	35,653.248	35,864.362	35,819.574
VOLUME SUMMED, m^3	143,129.231	@ −160 ℃		
THERMAL EXPANSION FACTOR	1.00002	@ −159.2 ℃		
CORRECTED VOLUME, m^3	143,132.094	@ −159.2 ℃		

表1－9　CTMレポート（揚荷後尺時）

	TANK 1	TANK 2	TANK 3	TANK 4
LIQUID VOLUME, m^3	19.661	1,751.040	14.223	14.857
VOLUME SUMMED, m^3	1,799.781	@ −160 ℃		
THERMAL EXPANSION FACTOR	1.00002	@ −159.2 ℃		
CORRECTED VOLUME, m^3	1,799.817	@ −159.2 ℃		

【計算例1－7】

表1－8及び表1－9に示されている前尺時及び後尺時の温度修正後のLNGの容積 V_1及びV_2から移送されたLNGの液容積 Vを求める。移送されたLNGの液容積 Vは四捨五入により立方メートル単位の整数とする。

【解答】

揚荷であるので、移送されたLNGの液容積 Vは前尺時の液容積V_1から後尺時の液容積V_2を減じた値となる。

$$
\begin{aligned}
V &= V_1 - V_2 \\
&= 143,132.094 - 1,799.817 \\
&= 141,332.277 \\
&\fallingdotseq 141,332 \mathrm{m}^3
\end{aligned}
$$

上式中、

V：移送された液容積［m^3］

V_1：前尺時の液容積［m^3］

V_2：後尺時の液容積［m^3］

1.5.3　荷役中に船内で消費されたガスの計量

前尺と後尺の間にLNG船のタンク内で生じたガスや揚荷に際して陸上タンクから返送されたガス（リターンガス）のうち船内で使用されたガスの量は船内のガス移送ラインに設置されているガス流量計により把握される[6]。ガス流量計にはガスの容積を測定するオリフィス式流量計やガスの質量を測定するコリオリ式流量計等がある。ガス流量計の示度は前尺、後尺に合わせて読み取られる。

6　ISO 19970:2017 B.7.2

Custody Transfer Measurement System（CTMS）and Tank Gauge Table

2．船上計量機器及びタンク容量表

LNGの取引では対象となるLNGの輸送に使用するLNG船を用船する側の売買当事者が船上計量機器及びタンク容量表を手配するよう契約される。すなわち、積地で受け渡し数量が決定される場合は買主が船上計量機器及びタンク容量表を手配することとなり、揚地で受け渡し数量が決定される場合は売主がそれらの手配を行う。船上計量機器及びタンク容量表の設置数や精度等は当事者間で締結される売買契約書に定められる。

LNG船にはタンク内にあるLNGの液位を測定するためのレベル計、LNGとその上方にあるガスの温度を測定するための温度計、ガスの圧力を測定するための圧力計ならびに船体の傾きを測定するための傾斜計が設置されている。これらは集合的に船上計量システム（CTMS：Custody Transfer Measurement System）と呼ばれる。船上計量システムによる測定結果は荷役制御室に設置されたワークステーションのディスプレイ上に表示されるとともにCTMレポート（CTM Report）としてプリントアウトされる。

LNG船の新造時には船上計量システムに対する船上検査（On-board testまたはSAT：Site acceptance test）が実施される。船上計量システムを設置した後に検査を行うことができない部分に対しては製造者の工場において事前に工場検査（Shop testまたはFAT：Factory acceptance test）が実施される。LNG船の就航後は国際条約[7]の規定にしたがい5年毎に受検する定期検査及び定期検査の間に受検する中間検査に合わせて船上計量システムの検査の船上検査が実施される。これら定期的に実施される精度検査の間に船上計量システムの精度に影響を与える修理や部品の交換が行われた場合はその都度臨時検査が行われる。我が国でのLNGの揚荷に際して使用されるレベル計、温度計及び圧力計の精度等については揚地を所轄する税関の承認が必要となる。承認の有効期限は3年間である[8]。

タンク容量表はLNG船の各タンクに設置されているレベル計により測定された液位からそれぞれのタンク内にあるLNGの容積を求めるために使用される。レベル計により測定された液位を温度等に応じて補正するための修正表もタンク容量表に含まれている。タンク容量表はタンクテーブルとも呼ばれる。

タンク容量表はLNG船の新造時に作成される。既にタンク容量表を保有しているLNG船が一時的に用船される場合はタンク容量表を手配すべき立場にある売買当事者がタンク容量表の正当性を相手方に提示することになる。寄港地によってはLNGの計量に使用するタンク容量表に対して関連当局の承認が必要となることもある。

7　1974年の海上における人命の安全の国際条約（SOLAS：International Convention for the Safety of Life at Sea）

8　関税局通達545号7.(2)

2.1　レベル計

2.1.1　レベル計の要件

一般的な売買契約書はLNG船の各タンクに所定の精度を有するレベル計を正副それぞれ１基設置するよう求めている。

以前はほぼすべてのLNG船が静電容量式レベル計とフロート式レベル計を正副のレベル計としていたが、現在ではレーダー式レベル計とフロート式レベル計の組み合わせが多い。売買契約条項例２－１はこれを踏まえたものであるが、レベル計の形式を特定しない契約も多数見られる。

副レベル計には正レベル計と異なる計測原理に基づくのもが選ばれることが多い[9]が、最近のLNG船の中には正副ともにレーダー式を採用しているものもある。

売買契約条項例２－１

［Seller/Buyer］shall cause each cargo tank of LNG Carrier to be provided with a main level gauge of the radar type and an auxiliary level gauge of the float type. The accuracy of these level gauges shall be within plus or minus 7.5 millimeters over its measurable range.

［買主/売主］はLNG輸送船の各貨物槽にレーダー式の正レベル計及びフロート式の副レベル計を設置しなければならない。これらのレベル計の精度はそれぞれの測定範囲にわたり±7.5ミリメートル以内でなければならない。

大多数の売買契約書はレベル計の許容精度を±7.5ミリメートルとしているが、ISO 18132-1:2011[10]やISO 10976:2015[11]は許容精度を±５ミリメートルと規定している。我が国の関税局通達では±10ミリメートルとされている[12]。

2.1.2　静電容量式レベル計

（１）　概要

低温で輸送される液体貨物を対象とする静電容量式レベル計はLNG船の黎明期から利用されてきた。1969年にアラスカより我が国に初めてLNGを運んできたポーラー・アラスカ号に設置されていたのも静電容量式レベル計である。

LNG船向けの静電容量式レベル計は米国のフォックスボロー社により開発されたが、その後カナダのフォックスボロー・カナダ社が製造、販売を行うようになった。フォックスボロー・カナダ社が後年インベンシス社に買収されたことに伴い、同社の製品はインベンシス社製静電容量式レベル計と呼称されるようになった。1970年代から1980年代にかけて建造されたLNG船向けのレベル計はこれらの製品により占められている。1990年代に

9　ISO 13398:1997 4.1.1

10　ISO 18132-1:2011 6.3及び7.3

11　ISO 10976:2015 5.2

12　関税局通達545号3.

我が国で建造されたLNG船の中には日本航空電子工業により製造された静電容量式レベル計を搭載したものもある。1990年代末期からはレーダー式レベル計を正レベル計として採用するLNG船が増加し、2000年以降は新造時に搭載した静電電容量式レベル計をレーダー式レベル計に換装する例も見られるようになった。現在、LNG船向け静電容量式レベル計の製造は中止されている。

（2）　静電容量式レベル計の計測原理

誘電体により絶縁された二つの極板から成る電極に蓄積される電荷量Qはその電極固有の静電容量Cと印加された電圧Vにより定まる。式2－1から分かるように、1ボルトの電圧を加えたときに1クーロン（C：Coulomb）の電荷を蓄えることのできる電極の静電容量は1ファラド（F：Farad）である。

$$Q = C \times V \qquad \text{（式2－1）}$$

上式中、

Q：電荷量［C］

C：静電容量［F］

V：電圧［V］

図2－1に示すような近接して平行する2枚の極板により構成される電極の静電容量Cは式2－2により計算することができる。誘電率とは絶縁性物質が有する電気的定数であり、真空の誘電率ε_0は8.854 pF/mである。比誘電率ε_rとは2枚の極板の間に存在する誘電体固有の誘電率と真空中の誘電率ε_0との比である。式2－2から、極板の面積S及び間隔dが一定であれば、電極の静電容量Cは誘電体の比誘電率ε_rのみに比例して変化することが分かる。ピコファラド（pF：Picofarad）は10^{-12}ファラドである。

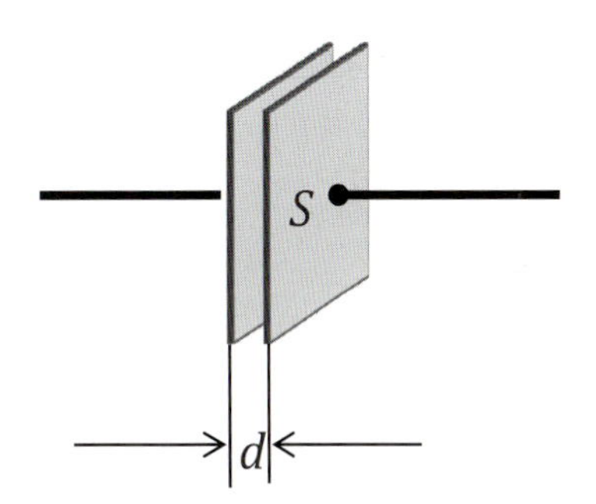

図2－1　静電容量式レベル計の原理

$$C = \frac{\varepsilon_r \varepsilon_0 S}{d} \qquad \text{（式2－2）}$$

上式中、

C：静電容量［pF］

ε_r：誘電体の比誘電率

ε_0：真空の誘電率［pF/m］

S：極板の面積［m^2］

d：極板の間隔［m］

静電容量式レベル計の検出部としてLNG船のタンク内に設置されるアルミニウム製電極を図２－２に示す。外筒と内筒が極板となるこのような同軸円筒形電極の静電容量は式２－３により計算される。この電極が完全にLNG中にある場合、誘電体の比誘電率ε_rはLNGの比誘電率である1.67となる。気化したLNGの比誘電率ε_rは１である。式２－３中の$\log_n$は自然対数である。

$$C = \frac{2\pi\varepsilon_r\varepsilon_0}{log_n\dfrac{D_O}{D_I}} \times L \qquad （式２－３）$$

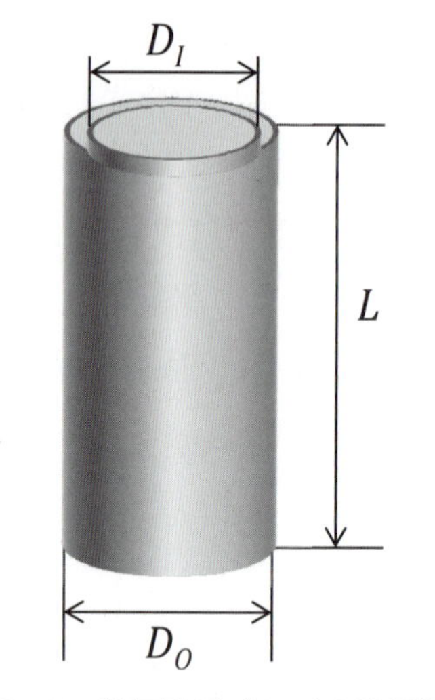

図２－２　静電容量式レベル計電極

上式中、

C：静電容量［pF］

π：円周率

ε_r：誘電体の比誘電率

ε_0：真空の誘電率［pF/m］

L：電極の長さ［m］

D_O：外筒の内径［m］

D_I：内筒の外径［m］

【計算例２－１】

気化したLNG中にある以下の静電容量式レベル計電極の静電容量C_Eを求める。

電極の長さL：5.018 m

外筒の内径D_O：0.602 m

内筒の外径D_I：0.381 m

【解答】

式２－３に電極の長さL、外筒の内径D_O、内筒の外径D_Iを代入する。真空の誘電率は8.854 pF/m、気化したLNGの比誘電率は１である。

$$C_E=\frac{2\pi\varepsilon_r\varepsilon_0}{log_n\frac{D_O}{D_I}}\times L$$

$$=\frac{2\times3.1416\times1\times8.854}{log_n\frac{0.602}{0.381}}\times5.018$$

$$=\frac{55.63145}{0.457458}\times5.018$$

$$=610.2\quad pF$$

【計算例２－２】

計算例２－１の電極がLNG中にあるときの静電容量C_Fを求める。

【解答】

式２－３に電極の長さL、外筒の内径D_O、内筒の外径D_Iを代入する。真空の誘電率は8.854 pF/m、LNGの比誘電率は1.67である。

$$C_F=\frac{2\pi\varepsilon_r\varepsilon_0}{log_n\frac{D_O}{D_I}}\times L$$

$$=\frac{2\times3.1416\times1.67\times8.854}{log_n\frac{0.602}{0.381}}\times5.018$$

$$=\frac{92.90452}{0.457458}\times5.018$$

$$=1{,}019.1\ pF$$

LNG中にあるときの静電容量C_Fは計算例２－１の結果にLNGの比誘電率1.67を乗じることにより求めることもできる。

$$C_F=C_E\times1.67$$

$$=610\times1.67$$

$$=1{,}019.0\ pF$$

LNG船に設置されている静電容量式レベル計では、LNGに完全に没している電極の静電容量をフル静電容量C_F、完全にボイルオフガス中にある電極の静電容量を空静電容量C_Eとして取り扱われる。図２－３では１番電極の静電容量がフル静電容量C_{1F}であり、３番電極の静電容量が空静電容量C_{3E}である。

図２－３の２番電極がLNGに浸漬している長さL_{2X}はこの電極の長さL_2及び静電容量C_{2X}ならびに既知のフル静電容量C_{2F}及び空静電容量C_{2E}から２－４式により求めることができる。浸漬長L_{2X}と静電容量C_{2X}の関係をグラフで表したものが図２－４である。式２－４中のフル静電容量C_{2F}及び空静電容量C_{2E}は電極の形状ならびにLNGと気化したLNGの誘電率から計算することもできるが、LNG船に設置される静電容量式レベル計では各電極が実際

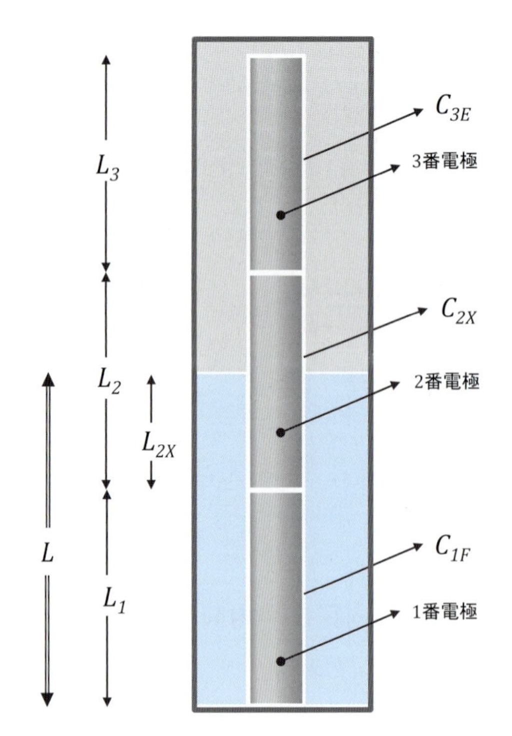

図２－３　静電容量式レベル計電極の静電容量

にLNGの中にあるときと気化したLNGの中にあるときに記録された値が利用される。

$$L_{2X}=\frac{C_{2X}-C_{2E}}{C_{2F}-C_{2E}}\times L_2 \qquad \text{（式２－４）}$$

上式中、

L_{2X}：２番電極の浸漬長［m］

C_{2X}：２番電極の静電容量［pF］

C_{2E}：２番電極の空静電容量［pF］

C_{2F}：２番電極のフル静電容量［pF］

L_2：２番電極の長さ［m］

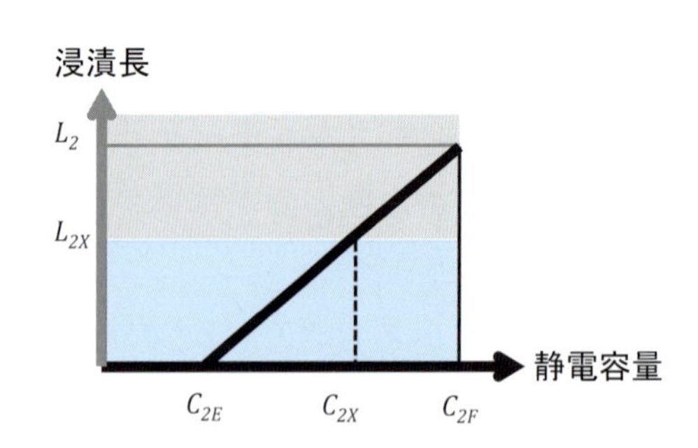

図２－４　静電容量と浸漬長との関係

積荷されるLNGの比誘電率は一定であるので、式２－４における２番電極のフル静電容量C_{2F}は同電極の空静電容量C_{2E}と１番電極のフル静電容量C_{1F}と空静電容量C_{1E}から式２－５により求めることができる。積荷の場合、２番電極の空静電容量C_{2E}は液位が２番電極に達する前に測定でき、１番電極のフル静電容量C_{1F}は液位が２番電極に達した後に測定できる。

$$C_{2F}=C_{2E}\times\frac{C_{1F}}{C_{1E}} \qquad \text{（式２－５）}$$

上式中、

C_{2F}：２番電極のフル静電容量［pF］

C_{2E}：２番電極の空静電容量［pF］

C_{1F}：１番電極のフル静電容量［pF］

C_{1E}：１番電極の空静電容量［pF］

式２－６は式２－５を式２－４に代入したものである。

$$L_{2X}=\frac{C_{2X}-C_{2E}}{C_{1F}-C_{1E}}\times\frac{C_{1E}}{C_{2E}}\times L_2 \qquad \text{（式２－６）}$$

図２－３において１番電極は完全に液中にあるので、その長さL_1を式２－６の結果に加えればタンク底部からLNGの液面までの高さLを得ることができる。

$$L=\frac{C_{2X}-C_{2E}}{C_{1F}-C_{1E}}\times\frac{C_{1E}}{C_{2E}}\times L_2+L_1 \qquad \text{（式２－７）}$$

L：LNGの液面の高さ［m］

L_{2X}：２番電極の浸漬長［m］

C_{2X}：２番電極の静電容量［pF］

C_{2E}：２番電極の空静電容量［pF］

C_{1F}：１番電極のフル静電容量［pF］

C_{1E}：１番電極の空静電容量［pF］

L_2：２番電極の長さ［m］

L_1：１番電極の長さ［m］

【計算例２－３】

図２－３の２番電極の静電容量C_{2X}が800.5 pFである場合の液面の高さLを求める。１番電極の空静電容量C_{1E}と２番電極の空静電容量C_{2E}はいずれも610.2 pFとする。１番電極の長さL_1と２番電極の長さL_2はいずれも5.018 mとする。

【解答】

式２－７に１番電極の長さL_1及び空静電容量C_{1E}、２番電極の長さL_2、空静電容量C_{2E}及び静電容量C_{2X}を代入する。１番電極のフル静電容量C_{1F}は１番電極の空静電容量C_{1E}に

LNGの比誘電率1.67を乗じて求める。

$$L = \frac{C_{2X} - C_{2E}}{C_{1F} - C_{1E}} \times \frac{C_{1E}}{C_{2E}} \times L_2 + L_1$$

$$= \frac{800.5 - 610.2}{610.2 \times 1.67 - 610.2} \times \frac{610.2}{610.2} \times 5.018 + 5.018$$

$$= \frac{190.3}{408.8} \times 5.018 + 5.018$$

$$= 7.354\text{m}$$

（3） 静電容量式レベル計の構造

LNG船に設置される静電容量式レベル計の検出部はタンクの内部に垂直方向に積み上げられた複数の同軸円筒形電極から構成されている[13]。

インベンシス社製の静電容量式レベル計には底部電極、基準電極、標準電極、短電極及び頂部電極の５種類が用いられており、標準的なサイズのモス型タンクでは計８本、メンブレン型タンクでは計６本の電極が１組の検出部となる。底部電極の頂部はタンク底部から５mとなるよう製作されている。底部電極の下部に取り付けられる基準電極は液位の低い状態においてLNGの比誘電率を実測するために使用される。標準電極及び頂部電極の長さは５mである。短電極は積み重ねた電極の高さをタンクの高さに適合させるために使用される。

すべての電極はサポートを介してタンク内のパイプタワーまたはトライポッドに固定される。底部電極はタンク底部に溶接された台座（ペデスタル）の上に取り付けられる。インベンシス社の場合、台座は上面の高さがモス型タンク及びMark IIIメンブレン型タンクでは140ミリメートル、GT 96メンブレン型タンクでは40ミリメートルとなるよう設置される。ただし、底部電極の底部ではフリンジング効果が生じるため、液位計測の下限はそれぞれ136ミリメートル及び36ミリメートルとなる。

静電容量式レベル計の設置状態を図２－５に示す。

インベンシス社製の静電容量式レベル計は駆動用の交流電圧（ドライブ電圧）が印加されている電極の静電容量を交流電流としてレベルコンバーターモジュール（LCM：Level Converter Module）により計測している。レベルコンバーターモジュールにおいて直流電圧に変換された液位信号はフィールドバスモジュール（FBM：Fieldbus Module）によりデジタル化された後にワークステーション（WS：Work Station）に送られる。ワークステーションには表示部端末としてディスプレイ及びプリンターが接続されている。ワークステーションより下流側の機器が二重化されていることも多い。レベルコンバーターモジュールやフィールドバスモジュール等の電子機器の経時変化による特性変化（ドリフト）はオンラインバリデーション機能により自動的に補正される。

13 ISO 10976:2015 5.6.6.4

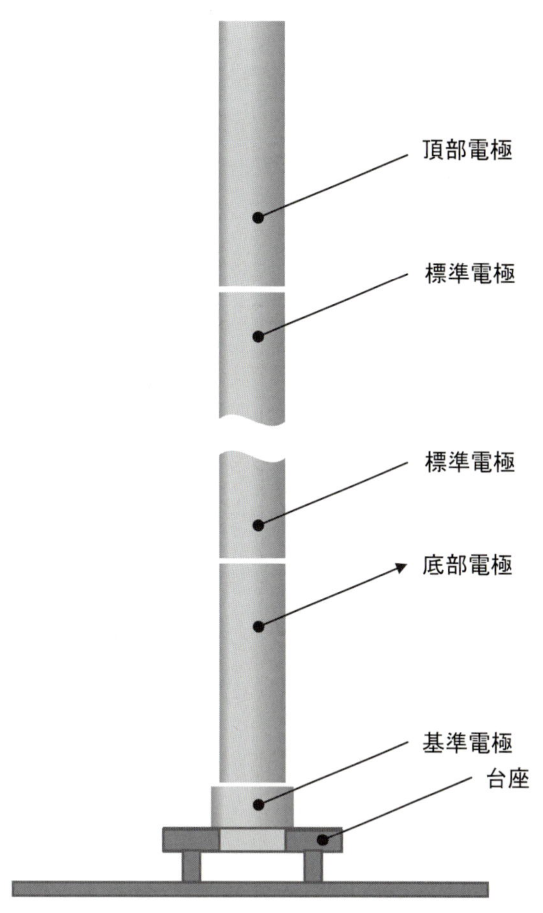

図２－５　静電容量式レベル計電極の設置状態

（４）　静電容量式レベル計の精度

静電容量式レベル計の総合器差E_Iは、工場検査で決定された検出部の最大器差E_Sと船上検査で決定された表示部の最大器差E_Dから式２－８により計算される[14,15]。

検出部の最大器差E_Sは検査対象となる電極をLNGの比誘電率に近い比誘電率を持つフルオリナート等の液体の中に浸漬することにより決定される。検出部の最大器差E_Sは一定の間隔で設定された検査点において実測した液位と電極からの出力値を基に作成した検量線の乖離量から決定される。

表示部の最大器差E_Dは検査液位に相当する模擬静電容量を固定キャパシターより表示部に入力し、それにより換算された液位と表示部に表示された液位を比較することにより決定される。インベンシス社製静電容量式レベル計の精度検査ではタンク内にある電極が固定キャパシターとして利用される。

$$E_I = \sqrt{E_S^2 + E_D^2} \qquad \text{（式２－８）}$$

14　ISO 18132-1:2011 Annex C

15　関税局通達545号3.(2)

上式中、

E_I：静電容量式レベル計の総合器差［mm］

E_S：検出部の最大器差［mm］

E_D：表示部の最大器差［mm］

【計算例２－４】

検出部の最大器差E_Sが1.6 mm、表示部の最大器差E_Dが2.0 mmである静電容量式レベル計の総合器差E_Iを求める。

【解答】

式２－８に検出部の最大器差E_S及び表示部の最大器差E_Dを代入する。

$$E_I=\sqrt{E_S^2+E_D^2}$$
$$=\sqrt{1.6^2+2.0^2}$$
$$=2.6\ \mathrm{mm}$$

定期的な精度検査の間に精度に影響を与える機器が交換された場合は、積荷または揚荷に伴う液位の変化を利用して、各電極のフル静電容量及び空静電容量に対応する表示液位を確認することにより精度が検証される。

2.1.3　レーダー式レベル計

（１）　概要

レーダー波を利用したLNG船向けレベル計の開発は1990年代前半よりスウェーデンのサーブ・マリン・エレクトロニクス社とノルウェーのオートロニカ社により進められた。サーブ・マリン・エレクトロニクス社のレーダー式レベル計は軍用機に搭載されていた対地レーダーを民生用に転じたものであり、これを基に同社は陸上LNGタンク向けからLNG船向けへとレーダー式レベル計の開発を進めた。オートロニカ社は先行開発していたLPG船向けレーダー式レベル計の技術を基にLNG船向けのレベル計を開発した。

後年の買収等を経てサーブ・マリン・エレクトロニクス社はエマソン・プロセス・マネージメント社となり、オートロニカ社はコングスバーグ・マリタイム社となった。少数の例外を除き、2000年以降に建造されたLNG船に設置されているレベル計は上記いずれかの社の製品によって占められている。上記両社以外ではムサシノ機器がLNG船上でレーダー式レベル計の実証実験を進めている。

LNG船に搭載されるレーダー式レベル計では、デッキ上に設置された送受信器から照射された周波数変調方式のレーダー波がタンク内にあるLNGの液面までを往復する。タンク内には導波管が設置され、タンク底部には底板からの反射波による干渉を避けるための対策が施される。

レーダー式レベル計送受信器（写真提供：Emerson,www.emerson.com）

レーダー式レベル計はマイクロ波式レベル計と称されることもある[16]。

（2） レーダー式レベル計の計測原理

海上において他船の位置や地形の判断に使用される航海用レーダーには高出力のパルス波が使用されるのに対し、貨物の計量用としてLNG船に搭載されるレーダー式レベル計には周波数変調（FMCW：Frequency Modulated Continuous Wave）方式に基づく低出力の連続波が用いられている。パルス波方式はレーダー波が目標まで往復するのに要した時間から距離を求めるものであるが、周波数変調方式では時間の経過とともに一定の条件で周波数が変化する二つの連続波の周波数差（ビート周波数）を利用して目標までの距離が求められる。図2-6において時刻t_1に送信された周波数f_1のレーダー波が送受信器に戻ってきた時刻t_2に送信されるレーダー波の周波数をf_2とすると、時刻t_2において測定されたf_1とf_2の差がビート周波数となる。レーダー波が目標までの間を往復するのに要した時間tはビート周波数と周波数の変化率から計算され、それより式2-9により目標までの距離が求められる。

$$D=\frac{c\times t}{2} \qquad \text{（式2-9）}$$

上式中、

D：目標までの距離［m］

c：レーダー波の伝播速度［m/sec］

t：レーダー波が目標までの間を往復するのに要した時間［sec］

レーダー波は真空中を光速で伝播するが、送受信器から目標までの空間に物質が介在する場合の伝播速度はその物質の比誘電率の平方根に比例して変化する。タンク内にあるLNGの液位計測にレーダー式レベル計を使用する場合は液面までのアレージを測定する

16 関税局通達545号2.(3)

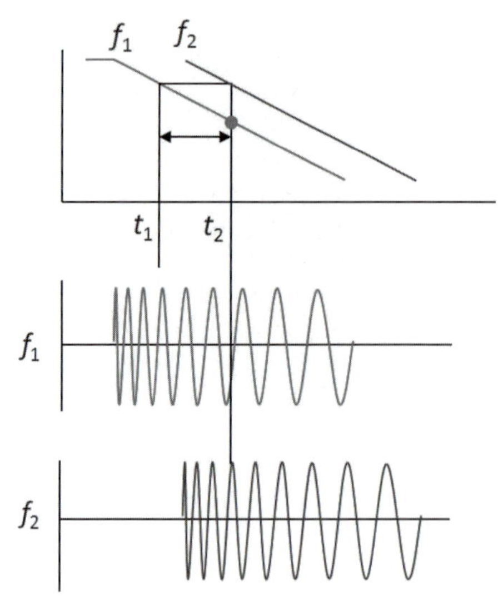

図2－6　周波数変調方式

ことになるので、上式中の伝搬速度cにはLNGが気化したガスの（ボイルオフガス）中を伝播するレーダー波の速度を適用することとなる。

エマソン・プロセス・マネージメント社製のレベル計はボイルオフガスの成分を標準的なLNGが気化したガスと前提し、実測したボイルオフガスの温度及び圧力から計算によって求めた伝播速度を液位計測に使用している。コングスバーグ・マリタイム社の製品はタンク内の導波管の内部に取り付けられた反射板の位置をレーダー波で計測することにより液位計測に適用する伝播速度を実測している。ムサシノ機器社製のレベル計は周波数の異なる複数のレーダー波を使用することにより検出したボイルオフガス中の伝播速度を液位計測に適用している。

（3）　レーダー式レベル計の構造

LNG船のタンクに設置されるレーダー式レベル計には、レーダー波の指向性を保持するとともにタンク内にある他の構造物からの反射波による干渉を避けるため、タンク全高にわたる導波管が付随する。この導波管はタンクと同じ材質のパイプを垂直方向に繋ぎ合わせることにより構成され、レーダー波の励起、送受信及び受信した信号の処理を司る送受信器とは導波管直上のタンク外にフランジを介して接続される。通常、レーダー式レベル計による液位計測の基準点はこのフランジの接合面となる。送受信器の直下には導波管内に入り込む形でメガホン型のアンテナが取り付けられる。表示部はワークステーションとディスプレイ及びプリンターから構成され、多くのLNG船では二重化されている。

エマソン・プロセス・マネージメント社のレベル計に付随する導波管には想定される最高液位より高い位置に精度検証用ピン（Verification pin）が導波管を水平に貫くように取り付けられている。導波管直下のタンク底板上にはタンク材からの強い反射を抑制するために剣山状の減衰器（Attenuator）が設置される。エマソン・プロセス・マネージメン

レーダー式レベル計減衰器（写真提供：Emerson, www.emerson.com）

ト社は自社のレベル計により計測することのできる最小液位をMark IIIメンブレン型タンクで35ミリメートル、GT No 96メンブレン型タンクで40ミリメートルとしている。モス型タンクの場合はタンクの南極点と減衰器の設置位置との高低差から計測可能な最小液位が決まる。

コングスバーグ・マリタイム社の導波管は長さ約6メートルのパイプにより構成されており、これらの各パイプの接続部のフランジ内には蜂の巣状に穴が開けられた厚さ2ミリメートルのポリテトラフルオロエチレン（PTFE：Polytetrafluoroethylene）製の反射板が挿入されている。この反射板は送受信器から到達したレーダー波の大部分を透過させるが、その一部を送受信機に向けて反射する。式2-10及び図2-7に示すように、この反射板を利用することによりレーダー波が液面直上にある反射板までの距離d_pを往復するのに要した時間t_pを基に算出されたレーダー波の伝播速度とレーダー波が液面までの距離を往復するのに要した時間t_uから液面までのアレージd_uを求めることができる。タンク底部から計測基準点までの距離よりアレージd_uを減じた値がタンク内のLNGの容積を求めるために必要となる液位d_sとなる。

$$d_u = \frac{d_p}{t_p} \times t_u \qquad \text{（式2-10）}$$

上式中、

d_u：計測基準点から液面までの距離［m］

d_p：計測基準点から反射板までの距離［m］

t_p：レーダー波が反射板までの距離を往復するのに要した時間［μs］

t_u：レーダー波が液面までの距離を往復するのに要した時間［μs］

コングスバーグ・マリタイム社のレーダー式レベル計では導波管の下端とタンク底板の間に減衰器の役割を担うバケツ状の部材が設置されることがある。この部材が取り付けられているレベル計の計測可能な最小液位はメンブレン型タンクでは26ミリメートルとされている。モス型タンクの場合にタンクの南極点と減衰器の設置位置との高低差を考慮する

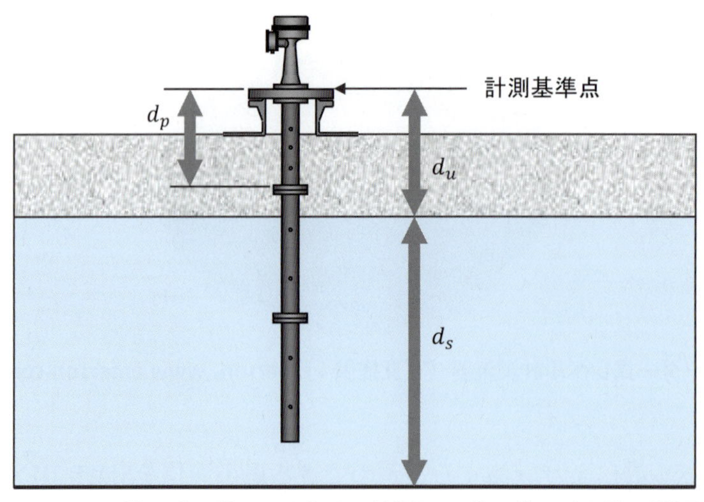

図２－７　コングスバーグ・マリタイム社製レーダー式レベル計の計測原理

必要がある。

（４）　レーダー式レベル計の精度

エマソン・プロセス・マネージメント社製レーダー式レベル計の精度は長さ基準器（テストケーブル）、ボットムプラグまたは精度検証用ピンによって検証することができる。長さ基準器となる同軸ケーブルはタンク高さのおおよそ１/５と４/５に相当する長さの２種類が用意されている。長さ基準器による精度検査は設置位置から取り外した送受信器を長さ基準器に接続した上で起動し、そのときに表示部に示された値と長さ基準器固有の電気長を比較することにより行われる。長さ基準器による精度の検証は関税局通達でも認められている[17]。ボットムプラグは精度検査に際して導波管の下端から導波管内に挿入されるステンレス製の円筒である。タンク底板からボットムプラグ上面までの距離とレーダー式レベル計が示すサウンディング値を比較することによりレベル計の精度検査を行うことができる。精度検証用のピンを利用した精度検査は工場検査時に測定された計測の基準点からピンまでの距離とレーダー式レベル計により測定した値と比較することにより行われる。空槽時の検査には長さ基準器、ボットムプラグ、精度検証用のピンのいずれも用いることができる。長さ基準器と精度検証用のピンによる精度の検証はタンク内にLNGが存在する状態でも実施可能である。

コングスバーグ・マリタイム社製のレーダー式レベル計の精度検査は導波管内の反射板を利用して行われる。出荷前の工場検査時に実測された計測の基準点から各反射板までの距離と船上検査時にレーダー波により測定されたそれぞれの反射板までの距離の差がレベル計の器差となる。空槽時には反射板が取り付けられているすべての位置で精度を検証することができる。タンク内にLNGが存在する場合は液面より上にある反射板のみが検査の対象となる。

17　関税局通達545号3.(1)

2.1.4　フロート式レベル計

（1）　概要

フロート式レベル計はLNGの海上輸送の黎明期より現在に至るまで船上計量に利用されている。初期のLNG船の中には正副ともにフロート式レベル計を設置していた船もあったが、静電容量式レベル計が広く用いられるようになるにつれ副レベル計として設置されるようになった。現在のLNG船ではレーダー式レベル計とフロート式レベル計をそれぞれ正副のレベル計とすることが最も一般的である。フロート式レベル計は機械的な装置を手動で操作する機構となっているため、電気的な故障は遠隔指示装置を除いて発生しないことが長所とされている。

フロート式レベル計はウェッソ式として知られるバルチラ・UK・リミテッド社の製品が長く利用されてきているが、2000年以降に海外で建造されたLNG船の中にはヘンリ・システムズ・ホランド社の製品を設置しているものも多数ある。

（2）　フロート式レベル計の構造及び計測原理

図2－8に示すように、フロート式レベル計は、LNGの液面に浮上するフロート、フロートを懸架するテープ、テープの巻き取り機構等を内蔵したゲージヘッドならびに現場指示器により構成されている。現場指示器に表示される液位は電気信号に変換され、荷役制御室内の遠隔指示器に送信される。フロートは樹脂または金属製の円筒または円盤であり、その沈下量はタンク内のLNGの密度に応じて変化する。タンク内にはフロート及びテープを保護するためのガイドパイプが設置される。デッキ上にはゲージヘッドをタンクから隔離するためのゲートバルブが設けられる。

バルチラ・UK・リミテッド社のLNG船向けフロート式レベル計には一定の間隔で穴の開けられたインバー製のテープが使用されており、ゲージヘッドからの巻き出し量はスプロケットの回転数により測定される。ヘンリ・システムズ・ホランド社製の製品ではインバー製のワイヤーを巻き取るドラムの回転数から巻出し量が測定される。図2－9に示すように、テープまたはワイヤーはゲージヘッドの側面に取り付けられているハンドルを回転させることによりドラムに巻き取られる。テープまたはワイヤーを巻き取るドラムにはトルクスプリングにより一定の張力が与えられている。

フロート式レベル計はテープまたはワイヤーの巻き出し量にしたがって液面までの距離（アレージ）を測定するが、液位として現場指示器に表示されるのはタンク容量表の基準点から液面までの距離（サウンディング）である。

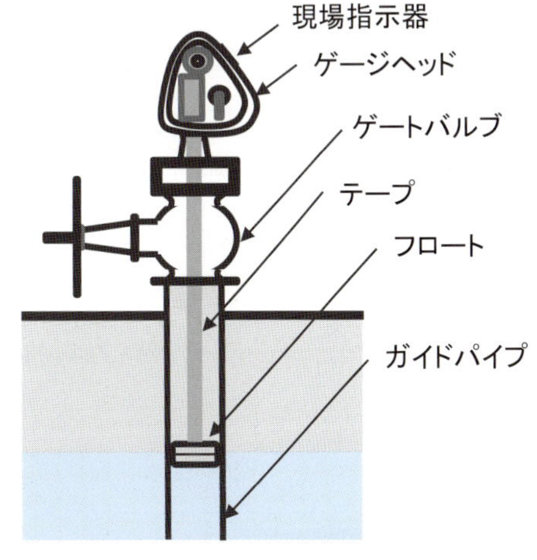

図2－8　フロート式レベル計の構造

（3） フロート式レベル計の設定及び精度

LNG船のタンクにフロート式レベル計を設置する際には、アレージにより計測された液位をサウンディングとして表示させるため、タンク容量表において液位ゼロとなる点からフロートの喫水までの高さhが現場指示器に設定される。設定後にフロートを最上部まで巻き上げたときに表示される値がそのフロート式レベル計の最高巻き上げ値となる。図2-10に示す高さhは温度変化に伴うガイドパイプやテープの伸縮に応じて変化するが、最高巻き上げ値は常に一定である。

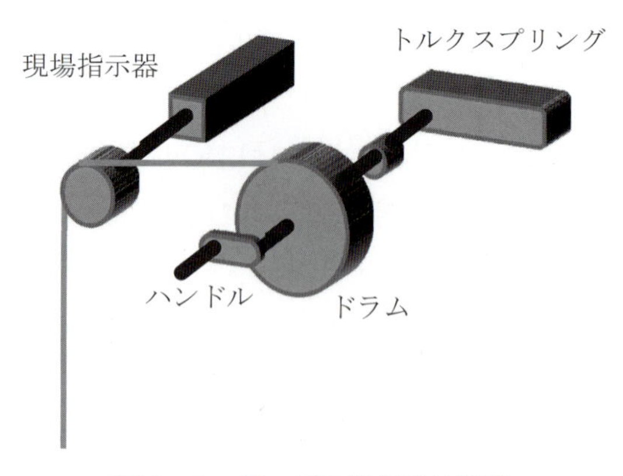

図2－9 テープの巻き取り機構

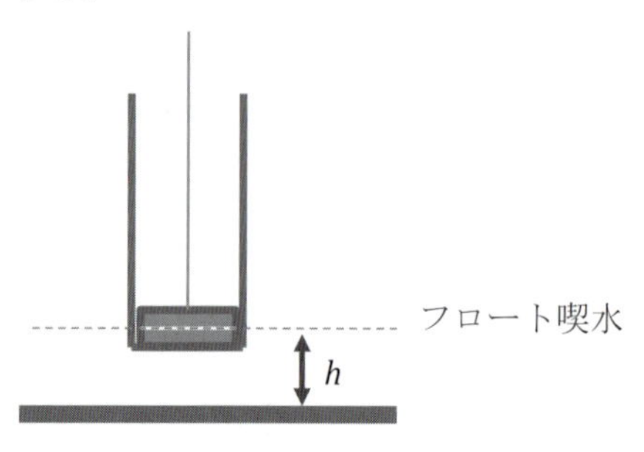

図2－10 フロート式レベル計の設定

フロート式レベル計の設置後に行われる精度検査はテープまたはワイヤーの巻出し量を基準となるスチールテープにより計測した距離と比較することにより行われる。関税局通達はこの検査をタンク高さの1／5及び4／5の2点で実施するよう求めている[18]。ISO 18132-1:2011にも同様の規定がある[19]。

フロートあるいはテープやワイヤーが異なる仕様のものと交換されない限り、フロート式レベル計の精度は最高巻き上げ値を確認することにより検証することができる。

2.1.5 その他のレベル計

初期のLNG船の中には差圧式レベル計を備えていたものもあったが、精度に関する売買契約上の要求を満たしていなかったために、取引のための計量は静電容量式レベル計またはフロート式レベル計により行われていた。

一部のメーカーによりパルス波レーザー（LIDAR：Light Detection and Ranging）を利用したレベル計の開発が試みられたこともあるが、実用化には至らなかった。

18 関税局通達545号3.(1)

19 ISO 18132-1:2011 D.3

2.2 温度計

2.2.1 温度計の要件

温度計の要件に関する規定を売買契約条項例 2 − 2 に示す。

売買契約条項例 2 − 2

[Seller/Buyer] shall cause each cargo tank of LNG Carrier to be provided with a main and an auxiliary themometers each composed of minimum of 5 temperature detectors. One of the temperature detectors of each thermometer shall be installed in the vapor space at the top of that LNG tank, one near the bottom of that cargo tank and the remainders distributed at appropriate intervals. The accuracy of each thermometer shall be within plus or minus 0.2 °C in the range from −165 °C to −145 °C and plus or minus 1.5 °C in the range from −145°C to +40 °C.

[買主/売主]はLNG輸送船の各貨物槽にそれぞれ少なくとも 5 個の温度検出部を有する正温度計及び副温度計を設置しなければならない。それぞれの温度計の温度検出部のうちの 1 個は貨物槽頂部のガス層内に、他の 1 個は当該貨物槽底部に、残余の温度検出部は適切な間隔をおいた位置に、それぞれ設置しなければならない。これらの温度計の精度は−165 °Cから−145 °Cの間において±0.2 °C以内、−145 °Cから+40 °Cの間において±1.5 °C以内でなければならない。

売買契約条項例 2 − 2 は正副 2 基の温度計を設置するよう求めているが、副温度計の設置を要求しない売買契約書もある。ISO 10976:2015は副温度検出部を設置するよう要求しているが[20]、ISO 8310:2012は必ずしも副温度検出部を求めていない[21]。

一般的なLNG船に設置される温度計はタンク内に少なくとも 5 個の温度検出部を有している[22]。最上部と最下部の間に位置する温度検出部の設置位置は、上記例のように適切な間隔（at appropriate intervals）と規定される場合の他、等間隔（at regular intervals）と規定される場合もある。タンク内に 5 個の温度検出部が設置される場合、後者の規定にしたがえばタンク高さの20%毎に検出部が取り付けられることになる。いずれの場合においても最上部の検出部は通常の運用において液が達することのない高さに設置され、最下部の検出部は可能な限り低い位置に取り付けられる。

温度計の許容精度は液温度に相当する温度範囲とガス温度に相当する温度範囲に分けて規定される。売買契約書には−145 °Cを液温度とガス温度の境界として示した上で、前者を±0.2 °C、後者を±1.5 °Cと規定するものが多い。ISO 8310:2012[23]及びISO 10976:2015[24]に示されている許容器差も上記に準じているが、液温度とガス温度の境界となる温度は明示されていない。関税局通達は温度範囲にかかわらず温度計の許容精度を± 2 °C

20 ISO 10976:2015 5.6.7
21 ISO 8310:2012 5.12
22 ISO 8310:2012 5.4
23 ISO 8310:2012 7.1.2
24 ISO 10976:2015 5.2

と定めている[25]。

LNG船に設置されている温度検出部はすべて白金測温抵抗体であるため、売買契約書において温度計や温度検出部の形式が指定されることはない。ISO 8310:2012は対象を白金測温抵抗体型温度計に限定している[26]。

タンク内の温度検出部と荷役制御室に設置される表示部により構成される温度計は船上計量システムに組み込まれている。

2.2.2　温度計の構造と原理

（1）　検出部の構造

計量に使用する目的でLNG船のタンク内に設置される温度計の検出部には白金測温抵抗体（PRT：Plutinum Rsistance Thermometer）が用いられている。白金測温抵抗体は検出素子となる白金製抵抗の電気抵抗が温度にほぼ比例して変化することを利用して温度を求めるものである。白金以外の金属を用いて測温抵抗体を作製することもできるが、温度と抵抗の関係に関するデータが整備されているとともに経年変化が小さいことから、LNG船の温度計の検出部には白金測温抵抗体が使用されている。白金測温抵抗体の検出素子を図2-11に示す。ガラスにより被覆された検出素子はシースと呼ばれる保護管に収納され、タンク内に設置される。

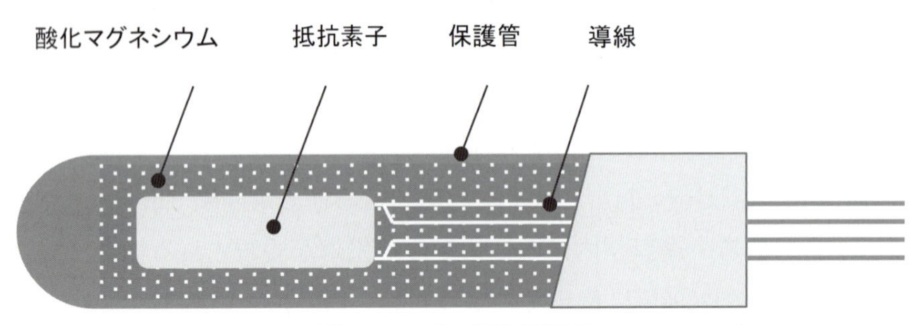

図2-11　白金測温抵抗体

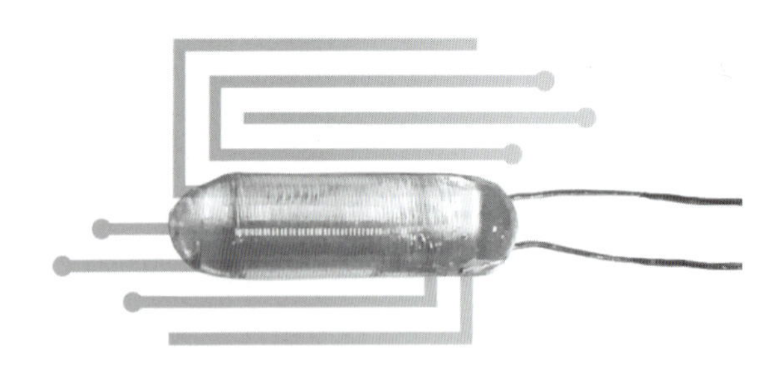

白金測温抵抗体素子（写真提供：Sanmatic A/S）

25　関税局通達545号4.(5)

26　ISO 8310:2012 1

図 2 -12　4 線式白金測温抵抗体

Pt 100型測温抵抗体とは 0 ℃における抵抗値が100オームの白金測温抵抗体を意味する。この形式の白金測温抵抗体はエマソン・プロセス・マネージメント社及びコングスバーグ・マリタイム社の船上計量システムで使用されている。インベンシス社が製造する船上計量システムの温度計には 0 ℃における抵抗値が500オームのPt 500型測温抵抗体が使用されている。

LNG船には 4 線式白金測温抵抗体が使用される。これは抵抗素子の両端に 2 本ずつ導線を接続することにより導線抵抗の影響を消去するためである。図 2 -12に示すように、4 本の導線の線抵抗値R_{C1}、R_{C2}、R_{C3}及びR_{C4}が同じであれば、測定される抵抗値Rは測温抵抗体の抵抗値R_{RTD}に等しくなる。

インベンシス社製の白金測温抵抗体はすべてパイプタワーまたはトライポッドに固定される。エマソン・プロセス・マネージメント社及びコングスバーグ・マリタイム社の船上計量システムに付随する白金測温抵抗体は最下部の測温抵抗体を除いて上部から吊り下げられた状態で設置される。測温抵抗体を保護するパイプはタンク内のガス温度の変化に伴い伸縮するため、白金測温抵抗体の位置も温度変化に伴い上下する。

エマソン・プロセス・マネージメント社製の船上計量システムに付随する白金測温抵抗体はデンマークのセンマチック社により製造されている。インベンシス社及びコングスバーグ・マリタイム社は自社製の白金測温抵抗体を使用している。

（2） 基準測温抵抗体

IEC 60751 Edition 2.0は基準となる白金測温抵抗体（基準測温抵抗体）の温度と抵抗の関係を以下のように定めている[27]。

$$-200℃から 0 ℃の間：R_t = R_0\{1 + At + Bt^2 + C(t-100)t^3\} \qquad (式 2 -11)$$

$$0℃から850℃の間：R_t = R_0(1 + At + Bt^2) \qquad (式 2 -12)$$

上式中、

R_t：温度tにおける抵抗値［Ω］

R_0： 0 ℃における抵抗値［Ω］

A：3.9083×10^{-3}

27　IEC 60751 Edition 2.0 4.1

B：-5.775×10^{-7}

C：-4.183×10^{-12}

t：温度［℃］

【計算例２－５】

温度tが-159.5 ℃のLNG中にある基準測温抵抗体に生じる抵抗値R_tを計算する。基準測温抵抗体の０℃における抵抗値R_0は100.00Ωとする。

【解答】

式２-11に抵抗値R_0及び温度tを代入する。

$$
\begin{aligned}
R_t &= R_0\{1+At+Bt^2+C(t-100)t^3\} \\
&= 100.00 \\
&\quad \times\{1+(3.9083\times10^{-3})\times(-159.5)+(-5.775\times10^{-7})\times(-159.5)^2 \\
&\quad +(-4.183\times10^{-12})\times(-159.5-100)\times(-159.5)^3\} \\
&= 35.75\ \Omega
\end{aligned}
$$

基準測温抵抗体により測定された抵抗値は式２-13により温度に換算することができる。

$$
t = a + bR_t + cR_t^2 + dR_t^3 + eR_t^4 + fR_t^5 + gR_t^6 \qquad \text{（式２-13）}
$$

上式中、

t：温度［℃］

R_t：温度tにおける抵抗値［Ω］

a：-242.0236032

b：2.223294933

c：0.002561416

d：-4.20355×10^{-6}

e：-3.66363×10^{-8}

f：2.10915×10^{-10}

g：-1.62017×10^{-13}

【計算例２－６】

LNG中にある基準測温抵抗体の抵抗値R_tが35.75Ωであるときの LNGの温度 t を計算する。基準測温抵抗体の０℃における抵抗値R_0は100.00Ωとする。

【解答】

式２-13に基準測温抵抗体の抵抗値R_tを代入する。

$$t = a + bR_t + cR_t^2 + dR_t^3 + eR_t^4 + fR_t^5 + gR_t^6$$

$$= -242.0236032 + 79.48279384 + 3.273649401 - 0.192063215 - 0.059843276$$

$$+ 0.012316505 - 0.000338234$$

$$= -159.5\ ^\circ\mathrm{C}$$

IEC 60751 Edition 2.0は、基準測温抵抗体により測定された温度と検体により測定された温度との差に基づいて、測温抵抗体を以下の等級に分類している[28]。

$$\text{クラスA：}\Delta t = \pm\,(0.15 + 0.002\,|\,t\,|) \qquad \text{（式２-14）}$$

$$\text{クラスB：}\Delta t = \pm\,(0.3 + 0.005\,|\,t\,|) \qquad \text{（式２-15）}$$

上式中、

Δt：許容差［℃］

t：温度［℃］

図２-13は＋20 ℃から-160 ℃の間におけるクラスAとクラスBの許容差をグラフで表したものである。

一般的な売買契約書に測温抵抗体の等級が規定されることはないが、LNG船のタンクにはクラスAの基準に匹敵する精度を有する測温抵抗体が設置されている。

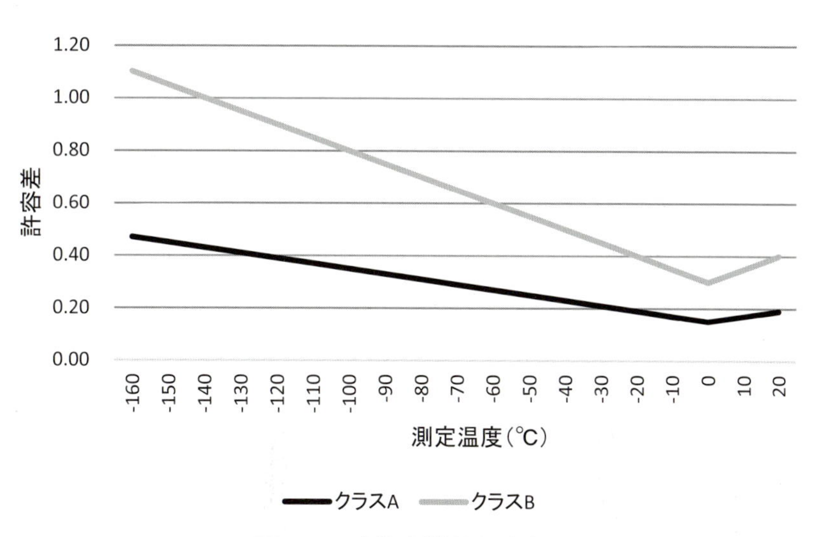

図２-13　測温抵抗体の許容差

28　IEC 60751 Edition 2.0 5.1.3

（3） 表示部の構造

タンク内に設置されている白金測温抵抗体に生じる電気抵抗値はデジタル値に変換された後に船上計量システムのワークステーションに送られ、測定された抵抗値に相当する温度としてディスプレイ及びプリンターから出力される。

インベンシス社の船上計量システムでは、抵抗値は荷役制御室内にあるフィールドバスモジュールによりデジタル値に変換される。エマソン・プロセス・マネージメント社製のシステムではタンク上にあるレーダー式レベル計の送受信器の筐体内にフィールドバスモジュールが収められている。ただし、初期のシステムでは副測温抵抗体の抵抗値をデジタル化するフィールドバスモジュールを荷役制御室内に設置しているものもある。コングスバーグ・マリタイム社の船上計量システムでは、抵抗値をデジタル化するためのロンノードがレーダー式レベル計の送受信器の近辺または荷役制御室内に設置されている。

インベンシス社及びエマソン・プロセス・マネージメント社の船上計量システムではワークステーションに記録されている各測温抵抗体固有の係数R_0、A、B及びCを適用して抵抗値が温度に換算される。コングスバーグ・マリタイム社の船上計量システムは、それぞれの測温抵抗体に固有の補正値を補償した温度が出力される。

2.2.3 温度計の精度

（1） 検出部の器差

ISO 8310:2012は検出部の検査について、対象となる白金測温抵抗体を標準温度計とともにおおよそ－196 °C、－75 °C、0 °C及び＋100 °Cに設定された恒温槽に順次浸漬し、それぞれの恒温槽内にあるときの出力抵抗値を読み取るよう求めている[29]。LNG船向けの測温抵抗体を製造する各社もこれに準じた検査を行っており、－196 °C近辺の温度の設定には液体窒素が、0 °Cの設定には蒸留水と氷が用いられる。－75 °C前後の温度及び＋100 °Cはシリコンオイルを冷却または加熱することにより設定される。0 °Cの設定にシリコンオイルが用いられることもある。対象となる白金測温抵抗体から出力された抵抗値から式2-11または式2-12により換算された温度と検査に使用した標準温度計の示す温度との差が検出部の器差E_Sとなる。

検出部の検査に際してISO 8310:2012は全数の25%程度の測温抵抗体に対して検査に伴う不確かさを検証するよう求めている[30]。不確かさは個々の製造者により異なるが、標準温度計として使用する白金測温抵抗体の不確かさと検体となる白金測温抵抗体の検査に伴う不確かさをそれぞれ0.07 °Cと見積もった場合、それらの二乗和平方は0.05 °Cとなる。

我が国の関税局通達は液体酸素の沸点（－182.9 °C）、水の氷点（0 °C）及び沸点（＋100 °C）の3点において前述の検査をするよう求めているが[31]、安全面の理由から液

29 ISO 8310:2012 6.3.1

30 ISO 8310:2012 6.3.3

31 関税局通達545号4.(3)

体酸素に代えて液体窒素を使用することも容認されている。

（2）　表示部の器差

温度計表示部の精度検査は標準可変抵抗器から-160 °C、−100 °C及び 0 °Cに相当する電気抵抗をフィールドバスモジュール等のアナログ/デジタル変換器に入力したときにディスプレイやプリンターから出力される温度を確認することにより行われる。それぞれの測温抵抗体の設置位置においてこの検査を行い、入力した抵抗値から式 2 -11により換算された温度と船上計量システムから出力された温度の差が表示部の器差E_Dとなる。

（3）　総合器差

温度計の総合器差E_Iは検出部の器差E_Sと表示部の器差E_Dから式 2 -16により計算することができる[32,33]。例えば、図 2 -14に示すような 0 °Cにおいて100.39Ωを示す検出部（器差E_S=1.0 °C）と表示部（器差E_D=0.5 °C）から構成される温度計の総合器差E_Iは1.12 °Cとなる。

これに対し、100.39Ωが入力されたときに 0 °Cを表示するよう表示部内に測温抵抗体固有の係数（R_0、A、B、C）が設定されている温度計では検出部の器差E_Sを考慮する必要はなくなる。図 2 -14では表示部が100.39Ωの入力を 0 °Cと判断するため、この温度計の総合器差E_Iは表示部器差E_D（0.5 °C）のみとなる。LNG船に設置されている温度計の総合器差E_Iは通常この方法で計算される[34]。

$$E=\sqrt{E_S^2+E_D^2} \qquad \text{（式 2 -16）}$$

上式中、

E_I：温度計の総合器差［°C］

E_S：検出部の器差［°C］

E_D：表示部の器差［°C］

32　ISO 8310:2012 7.1.1 a)

33　関税局通達545号4.(5)

34　ISO 8310:2012 7.1.1 b)

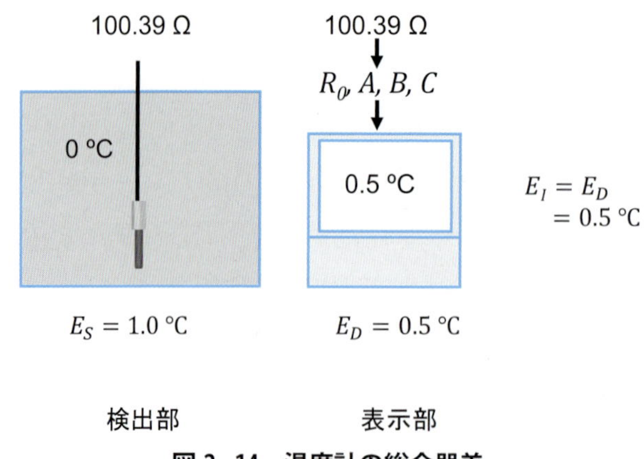

図 2-14　温度計の総合器差

2.3　圧力計

2.3.1　圧力計の要件

初期のLNG船の中にはデッキ上の共通ガスラインに圧力計を設置していた船やゲージ圧を測定する圧力計を使用していた船もあったが、現在では売買契約条項例 2 - 3 に示すように、タンク内のガスの絶対圧力を測定するための圧力計がLNG船の各タンクにそれぞれ 1 個設置されている。

売買契約条項例 2 - 3

［Seller/Buyer］ shall cause each cargo tank of LNG Carrier to be provided with a pressure gauge capable of measuring the absolute pressure of the vapor in that cargo tank. The accuracy of these pressure gauges shall be within plus or minus 1 % of their measuring range.

［買主/売主］はLNG輸送船の各貨物槽に当該貨物槽内にあるガスの絶対圧力を計測することのできる圧力計を設置しなければならない。これらの圧力計の精度は測定範囲の± 1 パーセント以内でなければならない。

ISO 10976:2015は圧力計の許容器差を測定範囲の±0.5%としているが[35]、LNG売買契約書の多くは測定範囲の± 1 %としている。日本国税関の規定も測定範囲の± 1 %である[36]。

LNG船に設置される圧力計の測定範囲はほぼ例外なく80キロパスカルから140キロパスカル（800ミリバールから1,400ミリバール）であるため、許容精度を測定範囲の± 1 %とした場合に要求される精度は±0.6キロパスカル（± 6 ミリバール）となる。

圧力計の測定原理には様々なものがあるが、検出部の形式を明示した売買契約書は見当たらない。LNGの船上計量に使用される圧力計を対象とするISO規格は存在しない。

レベル計や温度計と同じく、デッキ上の圧力検出部と荷役制御室に設置される表示部により構成される圧力計は船上計量システムに組み込まれている。

35　ISO 10976:2015 5.2

36　関税局通達545号5.

2.3.2　圧力計の原理と構造

（1）　検出部

LNG船に設置される圧力計の検出部はストレインゲージ型や共振ワイヤー型の検出素子を用いたものが多い。

図２-15に示すストレインゲージ型検出部はガス圧力の変化を感知するダイヤフラムに取り付けられた圧電素子の変形量を電流値として出力する。図２-16に示す共振ワイヤー型検出部はダイヤフラムにより感知された圧力が磁場の中で振動するワイヤーの張力を電流値として取り出す。これらの他に、ダイヤフラムの変形量を静電容量値として検出するものもある。

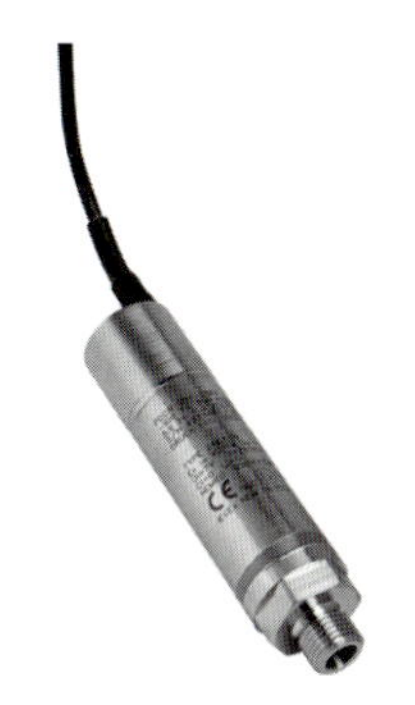

圧力計検出部（写真提供：Emerson, www.emerson.com）

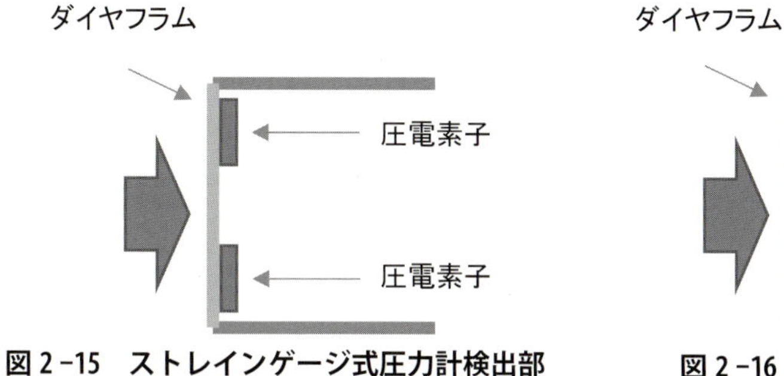

図２-15　ストレインゲージ式圧力計検出部

図２-16　共振ワイヤー式圧力計検出部

測定原理にかかわらず、LNGに設置される圧力計はタンク内にあるガスの圧力（ゲージ圧）と大気圧の和である絶対圧を出力する仕様となっている。圧力検出部には測定した圧力を４ミリアンペアから20ミリアンペアの電流値として出力するものと、デジタル値に変換した値を出力するものとがある。前者の場合、検出部からの信号は荷役制御室内に設置されるフィールドバスモジュール等の変換器を介して船上計量システムに伝送される。

（2）　表示部

デッキ上に設置されている圧力検出部から出力された電流値またはデジタル信号は圧力値としてワークステーションのディスプレイ上に表示されるとともにプリンターから出力

される。

2.3.3　圧力計の精度

関税局通達は、手動式のポンプにより空気圧を圧力検出部に与え、標準圧力計で読み取った圧力値と表示部より出力された圧力値を比較することにより圧力計の精度検査を行うよう求めている[37]。表２－１に示すように、検査は測定範囲の上限である140キロパスカル及び下限の80キロパスカルならびに両者の中間点となる110キロパスカルの３点を目標に加圧及び減圧が実施される。この例における圧力計の最大器差は0.1キロパスカルである。

表２－１　圧力計精度検査結果例

	加圧			減圧		
検査点	80kPa	110kPa	140kPa	140kPa	110kPa	80kPa
入力値	80.0kPa	110.0kPa	140.0kPa	140.0kPa	110.0kPa	80.0kPa
表示値	80.1kPa	110.0kPa	140.1kPa	139.9kPa	110kPa	80kPa
器差	0.1kPa	0.0kPa	0.1kPa	0.01kPa	0.0kPa	0.0kPa

LNG船の新造時には工場検査において圧力計の精度検査が行われることもあるが、上記の方法により行われる船上検査の結果が最終的な器差となる。圧力計の検査はタンク内にLNGがある状態でも実施することができる。

2.4　傾斜計

2.4.1　傾斜計の要件

前尺時または後尺時における船体の船首尾方向の傾斜（トリム）及び正横方向の傾斜（リスト）は船首尾及び船体中央の計６ヶ所に標されたドラフトマークを読み取ることにより知ることができるが、1980年代以降に建造されたLNG船には船体の傾斜角から自動的にトリム及びリストを検出する傾斜計が船上計量システムに組み込まれている。傾斜計の検出部は居住区内に設置されることが多いが、船体中央部に近いデッキ上の機械室内に設置されることもある。

傾斜計の要件等が売買契約書に定められることは少ない。規定される場合は売買契約条項例２－４のような内容となる。

売買契約条項例２－４

[Seller/Buyer] shall cause LNG Carrier to be provided with an inclinometer capable of measuring the trim and list of the LNG Carrier. The accuracy of the inclinometer shall be within plus or minus 1 % of its measuring range.

[買主/売主]は船体のトリム及びリストを計測することのできる傾斜計をLNG輸送船に設置しなければならない。この傾斜計の精度は測定範囲の±１パーセント以内でなければならない。

37　関税局通達545号5.

LNG船に設置される傾斜計は船首寄り２°から船尾寄り２°までのトリムを測定することができる。垂線間長200メートルの船において船首尾方向への角度２°の船体傾斜は約７メートルのトリムに相当する。上記の売買契約条項例を適用した場合、この船に設置される傾斜計の許容器差は±70ミリメートルとなる。ISO 10976:2015はドラフトゲージの許容器差を±50ミリメートルとしているが、トリム計測に用いる傾斜計の許容器差は規定していない[38]。

傾斜計によるリストの測定範囲は右舷寄り５°から左舷寄り５°までの10°の間である。上記の売買契約条項例にしたがえば、傾斜計の許容器差は±0.1°となる。ISO 10976:2015はリストの計測に使用される傾斜計の許容器差を±0.05°と定めている[39]。

我が国の税関は傾斜計を承認の対象としていないため、関税局通達中に傾斜計の許容器差に関する規定はない[40]。

2.4.2　傾斜計の原理と構造

LNG船に設置される傾斜計の多くはペンジュラム式（振り子式）や静電容量式のものである。製造者による保証精度は測定範囲の±0.5パーセントまたは±１パーセントとされている。

図２-17に示すペンジュラム式傾斜計は傾斜に応じてコイルの中を左右に移動する金属製の芯の位置をコイルに生じる誘導起電力として測定するものである。

図２-18の静電容量式傾斜計では管により連結された２つの容器内にある液体の量が静電容量として検出され、傾斜に応じて変化する両者の値を比較することにより傾斜を求められる。

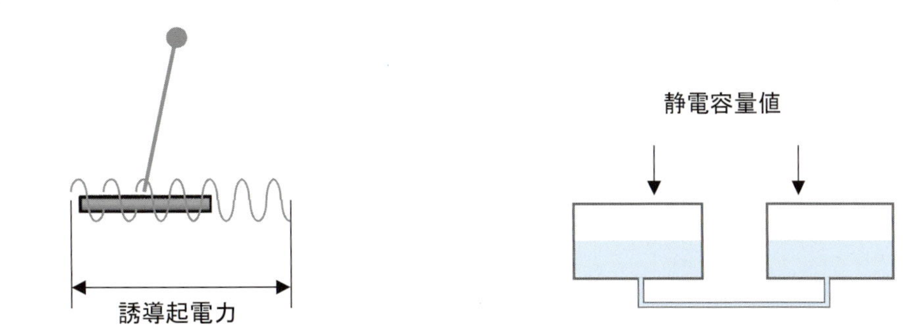

図２-17　ペンジュラム式傾斜計　　図２-18　静電容量式傾斜計

傾斜計には測定したトリム及びリストを４ミリアンペアから20ミリアンペアの電流値として出力するものと、検出部内でデジタル値に変換した上で出力するものとがある。前者の場合、検出部からの信号は荷役制御室内に設置されるフィールドバスモジュール等の変換器を介して船上計量システムに接続される。

38　ISO 10976:2015 5.2

39　ISO 10976:2015 5.2

40　関税局通達545号

検出部はLNG船の新造時にドック底面の傾斜に合わせて設置される。船体が海面に浮上した状態で傾斜斜頸を設置する場合はホギングやサギングの影響に留意する必要がある。

傾斜計により測定されたトリム及びリストはレベル計により計測された液位に対するトリム修正およびリスト修正に適用されるとともに、メートル単位のトリム値及び角度単位のリスト値として船上計量システムのディスプレイ及びプリンターから出力される。

2.4.3 傾斜計の精度

傾斜計の精度検査はLNGの新造時に傾斜計を製造した工場において行われる。傾斜計の器差E_Sは所定の角度に設定した基準台の上に置かれた傾斜計からの出力電流を角度に換算した値とそのときの基準台の角度を比較することにより決定される。傾斜計の器差E_Sは測定範囲に対する割合としてトリム方向及びリスト方向のそれぞれについてパーセント単位で示される。

表示部の器差E_Dは船上検査により決定される。アナログ信号を出力する傾斜計の表示部の器差E_Dは検査点となるトリム及びリストの値に相当する電流を表示部に対して入力することにより求められる。表示部の器差E_Dも測定範囲に対する割合としてパーセント単位で示される。

総合器差E_Iは傾斜計の器差E_Sと表示部の器差E_Dから式 2 -17により計算される。

$$E=\sqrt{E_S^2+E_D^2} \qquad (式 2 -17)$$

上式中、

E_I：総合器差［%］

E_S：傾斜計の器差［%］

E_D：表示部の器差［%］

2.5 タンク容量表

2.5.1 タンク計測

既存または計画中のプロジェクトに投入される新造LNG船のタンク容量表は本船が建造者から船主へ引き渡される前に作成される。売買当事者により承認された検定機関は本船の建造中に各タンクを実測し、その結果を基にLNG売買契約書の規定に適合するタンク容量表を作成する。

一般的なLNG売買契約書は受け渡しするLNGの輸送に使用するLNG船を用船する立場にある売買当事者がタンク容量表の手配を行うことを求めており、相手方にはタンク計測に立ち会う権利が認められる。

既にタンク容量表を有している就航中のLNG船が配船される場合は、その船を用船する立場にある売買当事者がそのタンク容量表を取引のための船上計量に使用することについて相手方の了解を得ることとなる。

売買契約条項例 2－5 は上記を反映したものである。

売買契約条項例 2－5

Prior to the loading of the first cargo of LNG into LNG Carrier, [Seller/Buyer] shall;

(a) in the case the cargo tanks of LNG Carrier have never been calibrated, arrange for each cargo tank to be volumetrically calibrated by an independent organization agreed by the Parties, or

(b) in the case the cargo tanks of LNG Carrier have previously been calibrated, furnish to [Buyer/Seller] the evidence of such calibration by an independent organization agreed by the Parties.

[Buyer/Seller], at its own risk, shall have the right to have its representative witness the tank calibrations referred to in (a) above. In this case, [Seller/Buyer] shall give adequate advance notice to [Buyer/Seller] of the timing of the tank calibrations.

[売主/買主]は最初のLNG貨物の積み込みに先立ち、

(a) LNG輸送船の貨物槽が過去に計測されていない場合は当事者間で合意された独立機関による各貨物槽の容量計測を手配しなければならない。

(b) LNG輸送船の貨物槽が既に計測されている場合は当事者間で合意された独立機関により同様の計測が行われたことを[買主/売主]に対して立証しなければならない。

[買主/売主]は上記 (a) のタンク計測に対して自己の責任により代理人を立ち会わせる権利を有する。この場合、[売主/買主]はタンク計測の実施時期に関する情報を[買主/売主]に対して適切な時期に通知しなければならない。

就航後のLNG船のタンクに内容積が変化するような変形が生じた場合や液容積の算出に影響を及ぼすような改造が実施された場合にタンク容量表の再作成を求めるLNG売買契約書もしばしば見られるが、タンク容量表の有効期限について言及する売買契約書は見られない。日本税関はタンク容量表に対する承認の有効期限を10年としており、そのたびにタンク容量表の有効性について証明が求められる。

LNG船に搭載されるメンブレン型タンク及びSPB型タンクはISO 8311:2013にしたがって鋼製の巻尺またはレーザー測距儀を使用して計測される。モス型タンクについては、写真法によるタンク計測方法を規定するISO 9091-1:1991と三角測量法による計測を規定するISO 9091-2:1992が既に廃止されているため、現在有効な国際規格は存在しない。

ISO 8311:2013には計測の不確かさをタンク容積の0.05%とする計算例が示されている[41]。検定機関が発行するタンク容量にも同程度の不確かさが示されている。モス型タンクのタンク容量表に示されている計測の不確かさは0.02%前後とされている。

2.5.2 タンク容量表の内容

売買契約条項例 2－6 に示すように、タンク容量表は液位から液容積を求めるための主表と見掛け液位を修正するために必要となる各種修正表により構成されている。モス型タ

41 ISO 8311:2013 A.9

ンクやSPB型タンクのように温度変化により容積が変化するタンクでは液容積に対する温度修正表も必要となる。主表及び各種修正表のデータは本船の船上計量システムに取り込まれており、レベル計により計測された液位から液容積が自動的に算出される。

売買契約条項例 2－6

The tank gauge table resulting from the calibration of each cargo tank of LNG Carrier shall correlate the liquid volume in the cargo tank using 0.001 cubic meter as the smallest unit with the liquid level using 1 millimeter as the smallest unit. The tank gauge table shall include trim and list correction tables and other tables necessary to correct the observed liquid level in each cargo tank.

LNG輸送船の各貨物槽の計測に基づいて作成されたタンク容量表には最小単位を0.001立方メートルとする貨物槽内の液容積と最小単位を１ミリメートルとする液位との関係が示されていなければならない。タンク容量表にはトリム修正表及びリスト修正表ならびに各貨物槽における見掛け液位を修正するために必要となるその他の修正表が含まれていなければならない。

（1） 主表

各タンクにおいて測定された液位に対応する液容積は主表に示されている。

主表において引数となる液位はゼロから最高液位までセンチメートル単位で刻まれていることが多い。ミリメートル単位の液位に対応する液容積は求める液容積の上下にある液容積を液位で補間することにより求めることができる。タンク容量表によっては頻繁に使用される部分（例えば、液位10センチメートルから60センチメートルの間及び液容積の95%から98%の間に相当する液位）の液容積をミリメートル単位の液位に対応させている主表を含むものもある。

主表にはタンク容量表の基準温度における液容積が立方メートル単位で小数点以下３桁まで示されている。一部の例外を除き、タンク容量表の基準温度は－160 ℃である。

表２－２に主表の例を示す。

表２－２　主表

Gauge m	Volume m^3	Gauge m	Volume m^3	Gauge m	Volume m^3
36.40	35,506.353	36.90	35,787.755	37.40	36,044.080
36.41	35,512.222	36.91	35,793.120	37.41	36,048.945
36.42	35,518.081	36.92	35,798.475	37.42	36,053.800
36.43	35,523.930	36.93	35,803.820	37.43	36,058.645
36.44	35,529.770	36.94	35,809.154	37.44	36,063.479
36.45	35,535.599	36.95	35,814.479	37.45	36,068.303
36.46	35,541.420	36.96	35,819.794	37.46	36,073.117
36.47	35,547.230	36.97	35,825.098	37.47	36,077.920
36.48	35,553.030	36.98	35,830.393	37.48	36,082.713
36.49	35,558.821	36.99	35,835.677	37.49	36,087.495

（2） トリム修正表

トリム修正表はLNG船の各タンクにおいてレベル計により測定された液位と傾斜計により測定された船体の前後方向の傾斜（トリム）から測定された液位に加減する修正量を求めるために用いられる。

トリム修正表に記載されている修正値は船体にトリムがない状態で測定された液位に対するタンク内の液容積と所定のトリムがある場合に同容積となる液位を比較することにより求められている[42]。修正量が変化しない区間が省略されているトリム修正表では縦軸に示される液位の表示が等間隔となっていないことがある。横軸に示されるトリムは通常0.5メートル間隔で示されている。表間の値は上下左右の値を補間することにより求める。

表2－3に示すトリム修正表では修正値がミリメートル単位で示されている。

表2－3　トリム修正表

Gauge m	2.0m B/H	1.5m B/H	1.0m B/H	0.5m B/H	E/K	0.5m B/S	1.0m B/S	1.5m B/S	2.0m B/S
36.80	9	7	5	2	0	－2	－5	－7	－9
36.90	9	7	5	2	0	－2	－5	－7	－9
37.00	9	7	5	2	0	－2	－5	－7	－9
37.10	9	7	5	2	0	－2	－5	－7	－9
37.20	9	7	5	2	0	－2	－5	－7	－9
37.30	9	7	5	2	0	－2	－5	－7	－9
37.40	9	7	5	2	0	－2	－5	－7	－9

（3） リスト修正表

各タンクにおいて測定された液位と船体の左右方向の傾斜（リスト）から、測定された液位に加減する修正量を求めるための表がリスト修正表である。

リスト修正表に記載されている修正値は船体にリストがない状態で測定された液位に対するタンク内の液容積と所定のリストがある場合に同容積となる液位を比較することにより求められている[43]。修正量が変化しない区間が省略されている表では縦軸に示される液位の表示が等間隔となっていない。横軸に示されるリストは0.5°間隔で示されているものが多い。表間の値は上下左右の値を補間することにより求める。

表2－4は修正値がミリメートル単位で示されているリスト修正表の例である。

表2－4　リスト修正表

Gauge, m	List to port							List to starboard					
	3.0	2.5	2.0	1.5	1.0	0.5	U/R	0.5	1.0	1.5	2.0	2.5	3.0
35.00	30	25	20	14	9	5	0	−7	−14	−21	−28	−35	−42
35.50	30	25	20	14	9	5	0	−7	−14	−21	−28	−35	−42
35.60	30	25	20	14	9	5	0	−7	−14	−21	−28	−35	−42
35.70	30	25	20	14	9	5	0	−7	−14	−21	−28	−35	−42
35.80	30	25	20	14	9	5	0	−7	−14	−21	−28	−35	−42
35.90	30	25	20	14	9	5	0	−7	−14	−21	−28	−35	−42
36.00	30	25	20	14	9	5	0	−7	−14	−21	−28	−35	−42

（4） レベル計に対する温度修正表

レベル計に対する温度修正表は各タンクにおいて測定された液位に対して基準温度と実際のガス温度の差から生じるレベル計及びタンク高さの変化量を補正するための表である。

レベル計に対する温度修正表で引数となる測定液位は1メートル間隔、ガス温度は2°C間隔で作表されていることが多い。この修正表は温度によりタンク高さが変化するモス型タンクやSPBタンクを設置しているLNG船及びメンブレン型タンクにガス温度の影響を受けるレーダー式レベル計やフロート式レベル計を設置しているLNG船で必要となる。

表2－5はモス型タンクに設置されたレーダー式レベル計に対する温度修正表の例である。表中の修正値はミリメートル単位で示されている。

表2－5　レベル計に対する温度修正表

Gauge, m	Vapour temperature, ℃						
	−148	−146	−144	−142	−140	−138	−136
33	−141	−141	−141	−140	−140	−139	−139
34	−141	−141	−141	−140	−140	−139	−139
35	−142	−141	−141	−140	−140	−139	−139
36	−142	−141	−141	−140	−140	−140	−139
37	−142	−141	−141	−141	−140	−140	−140
38	−142	−141	−141	−141	−141	−140	−140

（5） 密度修正表

密度修正表はフロート式レベル計を用いて測定された液位に対して基準液密度と実際の液密度の差から生じるフロートの喫水変化量を補正する際に用いられる。

表2－6は修正値がミリメートル単位で示されている密度修正表の例である。

表2－6　密度修正表

Density, kg/m^3	Correction
443.5 — 453.6	2
453.7 — 464.4	1
464.5 — 475.7	0
475.8 — 487.5	－1
4876.6 — 500.0	－2

（6） 液容積に対する温度修正表

液容積に対する温度修正表は主表から得られた液容積に対してタンク容量表の基準温度と実際のタンク温度の差から生じる容積の変化量を補正するための表である。主表から求

42 ISO 8311:2013 10.5

43 ISO 8311:2013 10.6

められた液容積にこの修正表から得られた係数を乗じることにより、実際のタンク温度における液容積を求めることができる。温度により内容積が変化しないメンブレン型タンクでは、この修正表は作成されない。

液容積に対する温度修正表で引数となる温度は0.2 ℃間隔で作表されており、その間の温度に対する修正値は補間により求める。

表２－７に液容積に対する温度修正表の例を示す。

表２－７　液容積に対する温度修正表

Temperature ℃	Correction factor	Temperature ℃	Correction factor
−165.0	0.99986	−161.0	0.99997
−164.8	0.99987	−160.8	0.99998
−164.6	0.99987	−160.6	0.99998
−164.4	0.99988	−160.4	0.99999
−164.2	0.99988	−160.2	0.99999
−164.0	0.99989	−160.0	1.00000
−163.8	0.99990	−159.8	1.00001
−163.6	0.99990	−159.6	1.00001
−163.4	0.99991	−159.4	1.00002
−163.2	0.99991	−159.2	1.00002

Sampling

3．サンプリング

受け渡しされたLNGのサンプルを採取するためのサンプリングは、積地で受け渡し数量が決定される場合は出荷基地において、揚地で受け渡し数量が決定される場合は受入基地において実施される。受け渡しされたLNGの密度や単位当たり発熱量は採取されたサンプルの成分組成を基に決定される。

LNGのサンプリングは気化と縮分を組み合わせたプロセスであり、これはしばしば連続法と断続法に区分される。ISO 8943:2007はサンプルガスの集積及び一時保存にガスホルダーを使用する方法を連続サンプリング法（Continuous method）とし[44]、一定の時間間隔でサンプルを採取する方法やオンライン分析のために行われるサンプリングを断続サンプリング法（Intermittent method）に分類している[45]。

ガスホルダーを用いる連続サンプリングでは陸上のLNG移送ライン内に設置されたサンプリングノズルにより採取された液サンプルが気化器により気化された後にウェットホルダーまたは無水式ホルダーに送られる。ウェットホルダーまたは無水式ホルダーに集積されたサンプルガスはサンプリングが終了した後に分析用サンプル容器へ充填される。CP/FPコンテナはガスホルダーの機能を兼ね備えた分析用サンプル容器である。オンライン分析に用いられるサンプルガスは気化器からガスクロマトグラフに直接導かれる。図3－1はこれらサンプリング方法の流れを図示したものである。我が国ではウェットホルダーまたは無水式ホルダーを使用して取引のための分析に用いられるサンプルを採取するとともに、品質管理の目的でオンライン分析が行われている。

売買契約条項例3－1にサンプリングに関わる規定を示す。この例ではガスホルダーの使用が前提とされている。

売買契約条項例3－1

[Seller/Buyer] shall obtain a representative sample of the LNG [loaded to/unloaded from] LNG Carrier. The sample shall be taken from an appropriate point in the [delivery/receiving] lines and shall be conveyed to a vaporizer, from which the vapor shall be collected into a gas holder. Sampling shall be carried out continuously and at even rate during the period of stable [loading/unloading].

[売主/買主]はLNG輸送船[に積載された/から揚荷された]LNGを代表するサンプルを採取しなければならない。サンプルは[積荷/揚荷]ラインの適切な個所より採取され、気化器を経由してガスホルダー内に集積されなければならない。サンプルの採取は定常[積荷/揚荷]期間内に一定の割合で連続して行わなければならない。

44　8943:2007 3.5

45　8943:2007 3.9

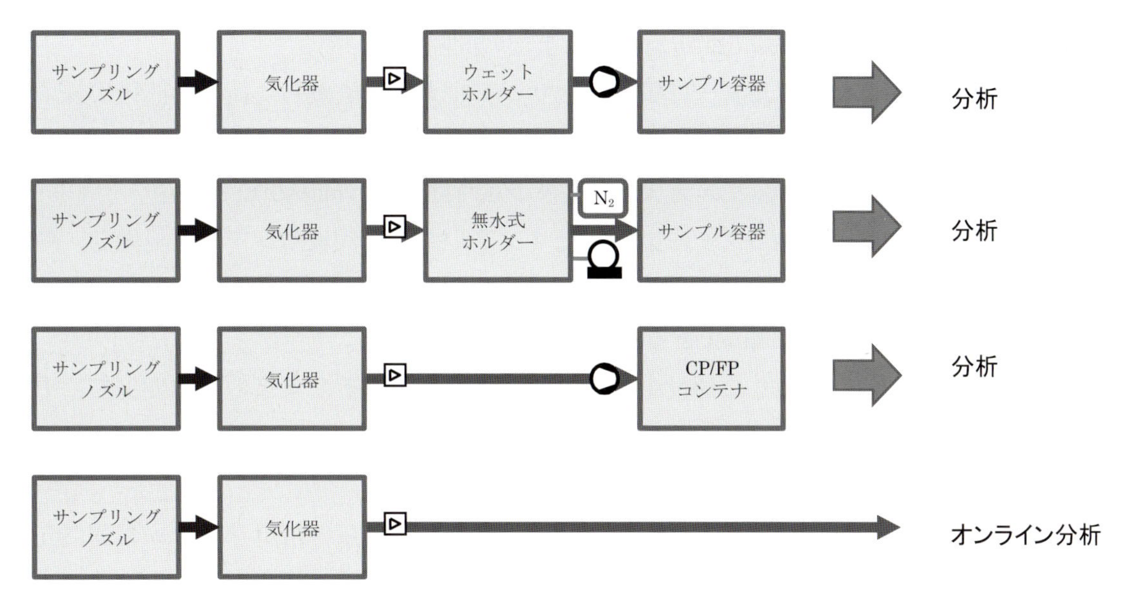

図 3－1　サンプリング方法

3.1　サンプリング期間

サンプリングの方法にかかわらず、1船分のLNGの組成成分を正しく反映するサンプルを採取するため、サンプリングはLNGの移送流量が一定である定常荷役の期間内に限って実施される[46]。揚荷の場合は本船上のすべてのポンプが定常状態となった時点から荷役終了に備えて揚荷量が低減されるまでの間がサンプリング期間となる。積荷の場合も流量の少ない定常荷役前後はサンプリング期間から除外される。サンプリング期間を図3－2に示す。

ガスホルダーを用いたサンプリングにおいてサンプリング開始後に荒天等の理由により荷役の中断が余儀なくされた場合は当初計画していた量のサンプルをガスホルダー内に集積することができなくなる。このような場合は中断に至るまでに経過した時間と予測される中断時間の長短を考慮して以下のいずれかの対応を採ることになる。

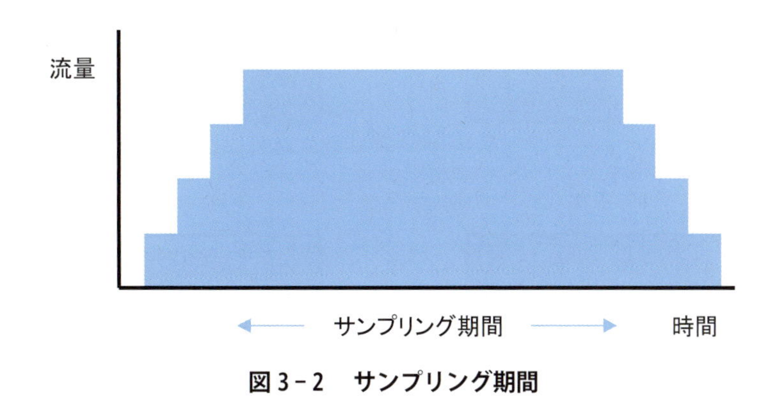

図 3－2　サンプリング期間

46　8943:2007 7.1

（1） サンプリングを開始してから荷役中断までの間隔が短い場合
荷役中断前にガスホルダーに集積したサンプルガスを破棄し、荷役再開後に採取するサンプルガスを代表サンプルとして取り扱う。

（2） 中断後の荷役再開からサンプリング終了予定時間までの間隔が短い場合
荷役中断前にガスホルダーに集積したサンプルガスを代表サンプルと見做し、荷役再開後に採取されたサンプルはガスホルダーに集積しない。

（3） 荷役中断時間が短時間に止まる場合
ガスホルダーに集積した荷役中断前のサンプルガスをそのままの状態で保ち、そこに荷役再開後に採取するサンプルガスを追加する。

（4） 荷役中断が長期に亘る場合
荷役中断前に集積したサンプルガスをガスホルダーから分析用サンプル容器に充填し、空にしたガスホルダーに荷役再開後に採取したサンプルガスを集積する。この方法では、代表サンプルは2本の分析用サンプル容器に分割されて充填されることになる。

3.2 サンプリングの流れ

3.2.1 液サンプルの採取

受け渡しされるLNGのサンプルは陸上タンクと本船を結ぶ陸上のLNG移送ラインに設定されたサンプル採取点において採取される。積地基地では出荷用ポンプの海側、揚地基地ではアンローディングアームの陸側がサンプル採取点となる。積荷または揚荷用のラインが複数のパイプラインにより構成されている場合、サンプル採取点はライン集合箇所の下流側に設定される[47]。

サンプリングノズルには図3－3に示すような形状があるが、いずれもLNG移送用のパイプに対して上方から垂直に挿入される[48]。サンプリングノズルにより採取される液サン

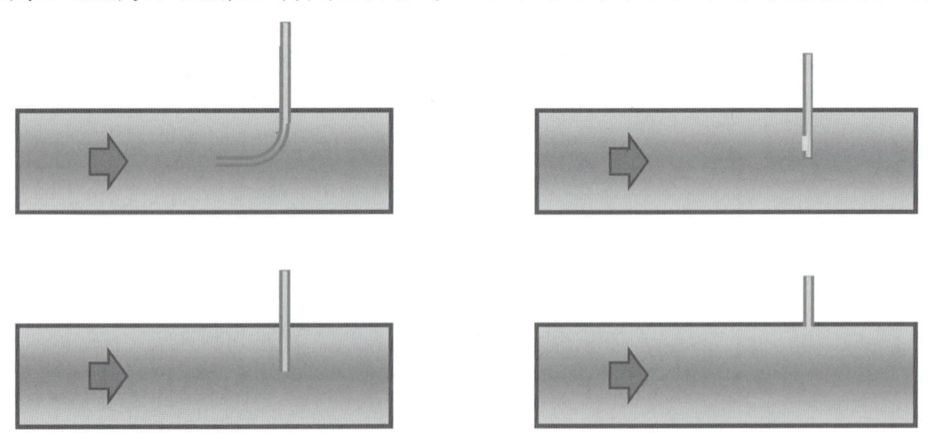

図3－3 サンプリングノズル

47 8943:2007 6.2.1

48 8943:2007 6.2.3

プルの温度はノズル付近を通過するLNGの圧力下においてサンプリングの対象となるLNGの沸点より十分低くなければならない。

採取された液サンプルが部分的に気化することを防ぐため、サンプリングノズルから気化器に至る配管には防熱が施されている。

3.2.2 液サンプルの気化

サンプリングノズルにより採取された液サンプルを強制的に気化するための気化器はサンプル採取点にできるだけ近い位置に設置される。

気化器にはスチームにより槽内の水を加熱する温水バス式と電熱線により内部の窒素を加熱する電熱ヒーター式がある。いずれの形式の気化器でもサンプル採取点から気化器の下部に導かれた液サンプルは気化器の内部を蛇行するパイプを通過する間に気化し、サンプルガスとして上部から排出される。導入された液サンプルに含まれるすべての成分を完全に気化するため[49]、気化器の内部は50 ℃程度に保たれている。

電熱ヒーター式気化器の例を図 3 - 4 に示す。

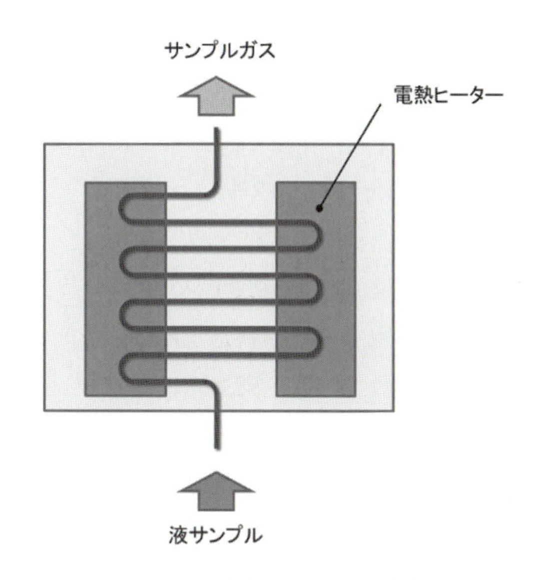

図 3 - 4　電熱ヒーター式気化器

3.2.3 サンプルガスの流量調整

気化器の下流にはサンプルガスの流量を制御するための流量調整弁が設けられている[50]。サンプリング期間外に採取、気化されたサンプルガスやサンプリング期間中に余剰となるサンプルガスはバイパスラインを通じて陸上のボイルオフガスラインに戻される。

ガスホルダーまたはCP/FPコンテナを利用するサンプリング法では、予定したサンプリング期間中に採取されたサンプルガスがこれらの集積容器を過不足なく満たすよう、サンプリング開始前に流量調整弁の開度を調整しておく必要がある。荷役の中断等に伴いガスホルダーやCP/FPコンテナを一旦空にした上でサンプリングを再開するときは、中断後のサンプリング期間に合わせて流量調整弁を設定し直す必要がある。

オンライン分析されるサンプルガスの流量は専用の流量調整弁により行われる。

49　8943:2007 6.3

50　8943:2007 6.5

3.2.4　サンプルガスの集積

サンプリング期間内に採取、気化したサンプルガスはガスホルダーまたはCP/FPコンテナに集積される。ガスホルダーはウェットホルダーと無水式ホルダーの２種類に区分される。

ガスホルダーは複数の分析用サンプル容器に充填するためのサンプルガスに加え、充填に先立ちそれらの容器と配管を洗浄するのに必要となるガスを収納するために1.5立方メートル程度の容積を有している。分析用サンプル容器としても使用されるCP/FPコンテナの容積は0.5リットルまたは１リットルである。

（１）　ウェットホルダー

図３－５に示すように、ウェットホルダーは底部が開放されたガス容器と封水で満たされた水槽により構成されている。ガス容器はガスがない状態では水槽内の封水の中に沈んでいるが、サンプリング期間中に気化器から流量調整弁を経て到達するサンプルガスが集積されるにつれ浮き上がる。封水に含まれる水溶性成分の濃度をサンプルガス中の水溶性成分濃度と近い状態にしておくため、陸上のボイルオフガスラインから導かれるガスを用いて水槽内の水に対するバブリングがサンプリングに先立ち行われる[51]。

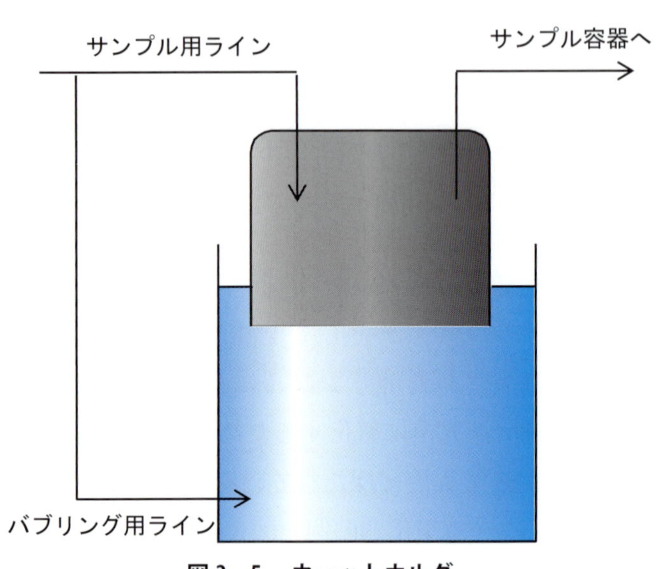

図３－５　ウェットホルダー

（２）　無水式ホルダー

図３－６に示す無水式ホルダーは金属製のホルダーと伸縮膜により構成されている。

無水式ホルダーを用いたサンプリングでは、サンプリングに先立ちホルダーと伸縮膜の間の間隙が真空ポンプによりパージされる[52]。サンプリング期間中に気化器から流量調整弁を経て到達するサンプルガスはホルダーと伸縮膜の間に集積される。サンプリング終了後、集積されたサンプルガスは不活性ガスにより伸縮膜を膨張させることにより分析用サンプル容器に充填される。

51　8943:2007 6.6.2

52　8943:2007 6.6.3

（３） CP/FPコンテナ

CP/FPコンテナはピストンにより内部が２区画に分割されたステンレス製の円筒型容器である。CPはコンスタントプレッシャー、FPはフローティングピストンを意味している。

CP/FPコンテナは図３－７に示す区画B内にある駆動用の不活性ガスの圧力を変化させることにより円筒形容器内でピストンを移動させることができ、それにより区画Aに流入するサンプルガスの量と流入のタイミングを制御することができる。サンプリングに先立つ区画Aのパージは駆動用ガスによりピストンをサンプルガスの入口側に移動させること

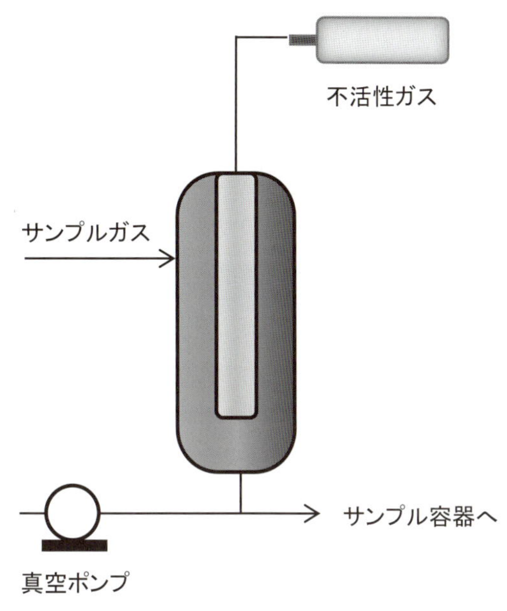

図３－６　無水式ホルダー

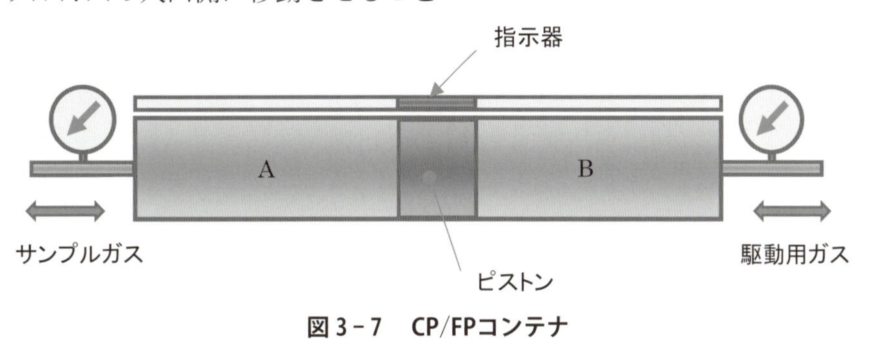

図３－７　CP/FPコンテナ

により行われる。ピストンの位置は容器の側面に取り付けられている指示器により知ることができる[53]。

CP/FPコンテナはサンプリング期間終了後に架台から取り外され、分析用サンプル容器として分析室に持ち込まれる。

3.2.5　分析用サンプル容器への充填

ウェットホルダーに集積されたサンプルガスはサンプリング期間終了後にコンプレッサーにより分析用サンプル容器に充填される。無水式ホルダーは内部の収縮膜を不活性ガスにより膨張させることによりサンプルガスを分析用サンプル容器に充填することができる。

一般的に使用されている分析用サンプル容器の容量は３リットル程度である。容器の洗浄はサンプルガスの充填、放出を５回から７回程度繰り返すことにより実施される。分析用サンプル容器に最終的に充填されるサンプルガスの圧力は0.7メガパスカル程度である。

53　8943:2007 6.8.3

ISO 10715:1997には天然ガスのサンプリングで使用される分析用サンプル容器の仕様が示されている[54]。

売買契約条項例 3 – 2 は組成分析用と保存用の計 2 本のサンプル容器にサンプルガスを充填するよう求めている。保存用のサンプルガスが売主用と買主用として別の容器に充填される場合は計 3 本のサンプル容器が必要となる。保存期間は契約により異なる。

売買契約条項例 3 – 2

A portion of the sample in the gas holder shall be transferred to two (2) sample containers after [loading/unloading]. The gas in a sample container shall be used for the compositional analysis and the other sample conatiner shall be retained for 20 days by the [Seller/Buyer].

ガスホルダー内のサンプルガスの一部は[積荷/揚荷]終了後に 2 本の分析用サンプル容器に充填されなければならない。1 本の分析用サンプル容器内にあるガスは組成分析に供され、他方の分析用サンプル容器は[売主/買主]により20日間保存されなければならない。

組成分析の結果に疑義が生じた場合は保存用の容器に充填されているサンプルガスを用いて再分析が行われる。

54　ISO 10715:1997 8.7

4．分　析

LNGの原料である天然ガスの主体はパラフィン系炭化水素である。生産過程において不純物及び炭素数の多い炭化水素が部分的に抽出されることにより、LNGはメタンを主成分とする軽質炭化水素と少量の窒素を含む密度0.45～0.47 kg/liter程度の液体となる。

LNGの成分組成は原料となる天然ガスの性状や生産工程の違いにより産地毎に異なっている。同一の基地から出荷されるLNGであっても組成は一定ではない。LNGの組成は貯蔵中や輸送中に生じる部分的な気化（ボイルオフ）によっても変化する。

表４－１はLNG含まれる成分を示したものである。これらの成分に加え、微量のヘキサンや本来は天然ガスを処理する過程で除去される二酸化炭素や硫化水素等がLNGに含まれる場合もある。

表４－１　LNGの成分

成分	化学式	分子量 [kg/kmol]	沸点 [°C]	ガス比重	燃焼範囲 [Vol. %]
メタン	CH_4	16.04	-161.5	0.554	5.0 - 15.0
エタン	C_2H_6	30.07	-88.6	1.038	2.9 - 13.0
プロパン	C_3H_8	44.10	-42.1	1.520	2.0 - 9.5
イソブタン	$i\text{-}C_4H_{10}$	58.12	-11.8	2.007	1.8 - 8.5
ノルマルブタン	$n\text{-}C_4H_{10}$	58.12	-0.5	2.007	1.5 - 9.0
イソペンタン	$i\text{-}C_5H_{12}$	72.15	27.8	2.491	1.3 - 8.0
ノルマルペンタン	$n\text{-}C_5H_{12}$	72.15	36.1	2.491	1.4 - 8.3
窒素	N_2	28.01	-195.8	0.967	-

LNGの取引に際して行われる分析は受け渡しされたLNGの組成を決定することを目的として行われる。分析により得られた組成を基に受け渡しされたLNGの密度や単位当たり発熱量が決定される。

LNGの分析はガスクロマトグラフを用いて以下の手順により行われる[55]。混合標準ガスとサンプルガスの分析は同一の機器を用いて同一条件で行われる。

（１）　予め用意された成分既知の混合標準ガスを分析する。

（２）　混合標準ガスの分析より得られた各成分のピーク面積と混合標準ガスに含まれる各成分のモル分率からそれぞれの成分についての感度係数を得る。

（３）　定常荷役中に採取されたサンプルガスを分析する。

（４）　サンプルガスの分析より得られた各成分のピーク面積と感度係数からサンプルガ

55　GPA Standard 2261-13 2.1

スに含まれる各成分のモル分率を決定する。

多くの売買契約書は米国ガス生産者協会（GPA：Gas Processors Association）が発行するGPA 2261を参照して分析を行うよう規定している（同協会の名称はNatural Gas Proessors Association（NGPA）、Gas Processors Association（GPA）、GPA Midstream Assocationと変遷している）。売買契約条項例４－１では規格の発行年度版が具体的に指定されているが、最新版の規格を適用するよう求める契約も存在する。分析に使用するガスクロマトグラフは売主及び買主の双方から事前に承認されたものが使用され、その取り扱いは機器固有のマニュアルにしたがって行われる。長期にわたる売買契約では、分析機器の整合性（コリレーション）を確認するために、同一のサンプルを積地とすべての揚地にあるガスクロマトグラフにより定期的に分析されることもある。

売買契約条項例４－１

[Seller/Buyer] shall determine the molar fraction of the components in the sample of LNG [loaded/unloaded] in accordance with Gas Processors Association (GPA) Standard 2261-90 (Analysis for Natural Gas and Similar Gaseous Mixtures by Gas Chromatography). The composition of the standard reference gas used for the analysis shall be similar to that of LNG [loaded/unloaded] and shall be certified by an independent organization agreed between Parties.
[売主/買主]はGPA（ガス生産者協会）規格2261-90（ガスクロマトグラフによる天然ガス及び天然ガスに類似した混合ガスの分析方法）にしたがって[積荷/揚荷]されたLNGのサンプルに含まれる各成分のモル分率を決定しなければならない。分析に使用する混合標準ガスの組成は[積荷/揚荷]されたLNGの組成に類似したものであるとともに、売買当事者が合意した独立機関により証明されたものでなければならない。

LNGの分析は積地で受け渡し数量が決定される場合は出荷基地において、揚地で受け渡し数量が決定される場合は受入基地において、それぞれ実施される。いずれの場合も分析はサンプリング期間終了後に行われる。海外においてはサンプリング期間中に分析を繰り返して行うことができるオンラインガスクロマトグラフをLNGの取引に適用している例もある。

受け渡しされたLNGの成分組成を決定するための分析に加え、LNGに含まれる硫黄分の分析に関する規定を含む売買契約書もある。

表４－２は本章で使用する記号である。

表４－２　記号

A_{Ri}	混合標準ガス中の成分iの平均ピーク面積
A_{Rin}	n回目の分析で得られた混合標準ガス中の成分iのピーク面積
ΔA_{Ri}	混合標準ガス中の成分iのピーク面積の繰り返し性
A'_{Ri}	混合標準ガス中の基準圧力下におけるピーク面積
A_{Si}	サンプルガス中の成分iの平均ピーク面積
A_{Sin}	n回目の分析で得られたサンプルガス中の成分iのピーク面積
ΔA_{Si}	サンプルガス中の成分iのピーク面積の繰り返し性
A'_{Si}	サンプルガス中の成分iの基準圧力下におけるピーク面積
A_{SiC5}	サンプルガス中のイソペンタンのピーク面積
A_{SnC5}	サンプルガス中のノルマルペンタンのピーク面積
A_{SC6+}	サンプルガス中のヘキサンプラスのピーク面積
K_i	成分iの感度係数
M_{C5}	ペンタンの分子量
M_{C6+}	ヘキサンプラスの推定分子量
P	基準圧力
P_R	混合標準ガスの導入圧力
P_S	サンプルガスの導入圧力
x_{Ri}	混合標準ガス中の成分iのモル分率
x_{Si}	サンプルガス中の成分iのモル分率（正規化後）
x'_{Si}	サンプルガス中の成分iのモル分率（正規化前）
x'_{Sin}	n回目の分析結果から得られたサンプルガス中の成分iのモル分率
x'_{SiC5}	サンプルガス中のイソペンタンのモル分率
x'_{SnC5}	サンプルガス中のノルマルペンタンのモル分率
x'_{SC6+}	サンプルガス中のヘキサンプラスのモル分率
y_{Ri}	混合標準ガス中の成分iの容積分率
z_{Ri}	混合標準ガス中の成分iの圧縮係数

4.1　分析に使用されるガス

サンプルガスの分析にはサンプルガスと対照される混合標準ガス及びサンプルガスと混合標準ガスをガスクロマトグラフ中で移動させるために用いるキャリヤーガスが必要となる。

4.1.1　混合標準ガス

LNGの分析には専門の業者により容量法または重量法[56]で製造された混合標準ガスが使用される。GPA 2198-16には混合標準ガスの選択、評価、保管等の方法が示されている。

混合標準ガスは分析対象となるサンプルガスに含まれる成分をすべて含んでおり、かつ

56　ISO 6142-1:2015

サンプルガスの組成にできるだけ近いことが求められる[57]。LNG受け入れ基地では複数の混合標準ガスを積地別に用意していることが多い。

LNGの分析には各成分がモル分率X_{Ri}で目盛り付けされた混合標準ガスが必要となる。混合標準ガスの各成分が容積分率y_{Ri}で目盛り付けされている場合は式４－１によりモル分率X_{Ri}に換算することができる[58]。

$$x_{Ri} = \frac{\frac{y_{Ri}}{z_{Ri}}}{\Sigma \frac{y_{Ri}}{z_{Ri}}} \qquad \text{（式４－１）}$$

上式中、

x_{Ri}：混合標準ガス中の成分iのモル分率［mol％］

y_{Ri}：混合標準ガス中の成分iの容積分率［vol％］

z_{Ri}：混合標準ガス中の成分iの圧縮係数

4.1.2　キャリヤーガス

キャリヤーガスはガスクロマトグラフに導入された混合標準ガスやサンプルガスを一定の速度で移動させるために使用される。LNGの計量に関わる分析には対象となるガスに含まれる各成分と熱伝導度の差が大きく安全で取り扱いの容易なヘリウムがキャリヤーガスとして選択される[59]。

分析中、キャリヤーガスの流量変動は±１％以内に抑えられる[60]。

4.2　ガスクロマトグラフの構造

図４－１に示すように、ガスクロマトグラフの筐体の中の恒温槽には混合標準ガスやサ

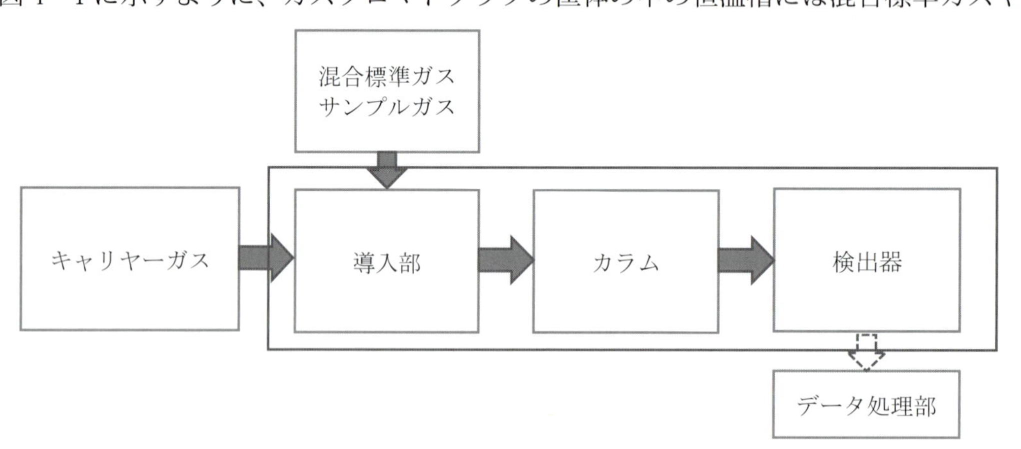

図４－１　ガスクロマトグラフの構造

57　ISO 6974-4:2000 4.2

58　ISO 6976:1995 Annex C

59　ISO 6974-4:2000 4.1

60　NGPA Publication 2261-72 3.2

ンプルガスを定量した上でキャリヤーガスと合流させる導入部、これらのガスに含まれる成分を分離するカラムならびにカラムより到達する成分を検出して電気信号に変換する検出器が収納されている。外部にはキャリヤーガスの流量制御装置やデータ処理部等の機器が付随している。

4.2.1 導入部

一般的な気体の分析では注射器状のシリンジにより試料がガスクロマトグラフに注入されることも多いが、LNGの分析では多方バルブにより導入された混合標準ガスやサンプルガスが検量管（サンプリングループ）で定量される。検量管を利用した定量に適用される大気圧平衡法は検量管内にあるガスの圧力（導入圧力）を大気圧に等しくする方法である。真空法では真空ポンプにより検量管内にあるガスが任意の圧力に設定される。

図4－2は6方バルブと検量管を用いて大気圧平衡法により混合標準ガスまたはサンプルガスを導入、定量する手順を示している。一般的な検量管の容量は大気圧下において0.5ミリリットルである[61]。分析用サンプル容器から導かれるサンプルガスに含まれる水分は乾燥器（ドライヤー）により除去される[62]。

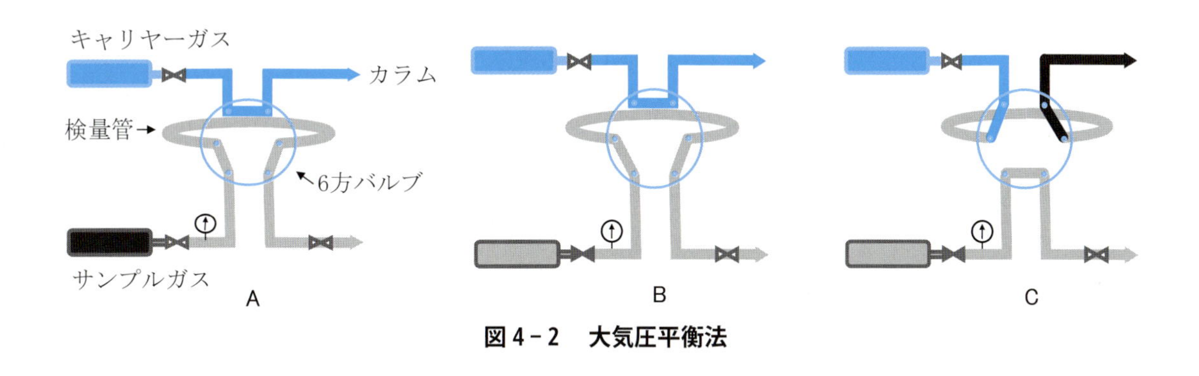

図4－2　大気圧平衡法

（1）図4－2Aは混合標準ガスまたはサンプルガス導入前の状態である。サンプル容器から導入されたガスは6方バルブ及び検量管を通過後に排出される。キャリヤーガスは6方バルブを通過してカラムに送られる。

（2）図4－2Bはガスの導入を止めたところである。この状態を維持すれば検量管内に残留するサンプルガスの圧力が大気圧と平衡する。キャリヤーガスは引き続き6方バルブを通過してカラムに送られている。

（3）図4－2Cは6方バルブを切り替えることにより、検量管内のサンプルガスをキャリヤーガスに合流させているところである。キャリヤーガスは検量管により定量されたサンプルガスを含んでカラムに向かう。

61 GPA Standard 2261-13 3.1.2

62 NGPA Publication 2261-72 3.3

4.2.2 カラム

キャリヤーガスにより導入部から運ばれてきた混合標準ガスやサンプルガスはカラムを通過して検出器に向かう。これらのガスに含まれる各成分はそれぞれの物理的特性に応じてカラム内に滞留する時間が異なるため、時間的に分離された状態で検出器に到達する。分析対象となるガスが導入されてから成分iが検出されるまでに要する時間を成分iの保持時間（リテンションタイム）と呼ぶ。図４－３はサンプルガス中の成分がカラム内で分離される過程を表したものである。

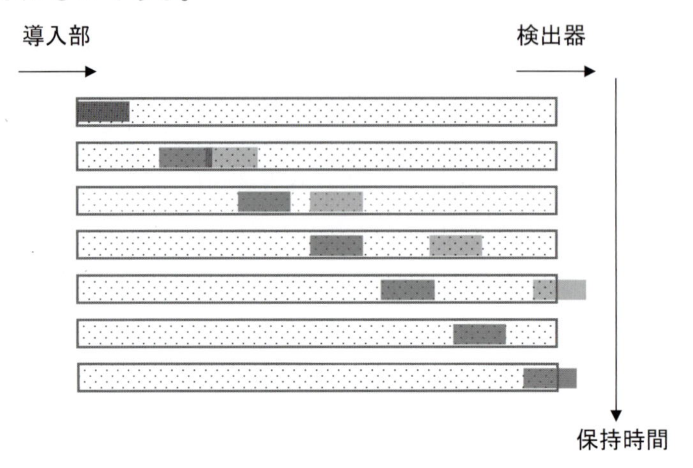

図４－３　カラムによる成分の分離

カラムはその構造により充填カラム（パックドカラム）とキャピラリーカラムに分類される。充填カラムは内径２ミリメートルないし４ミリメートルのステンレスまたはガラス製の管で内部に粒子状の充填材が詰められている。キャピラリーカラムは溶融シリカ製またはステンレス製の中空の管で内径は１ミリメートル以下である。

カラムは吸着または分配のいずれかの原理に基づいて混合標準ガスやサンプルガス中の成分を分離する。吸着型の充填カラムの充填材は表面の物理的な吸着作用によりガス中の各成分を捕捉する。分配型の充填カラムに詰められている充填材の表面にはジメチルポリシロキサン等の液が化学的に固定されており、ガス中の成分はこの液相との溶解性の差に応じて分離される。充填材は担体とも呼ばれる。キャピラリーカラムでは管の内壁にコーティングされた物質により吸着あるいは分配が行われる。

GPA 2261-13はメタンからノルマルペンタンまでの炭化水素や窒素を分離するための分配型カラムとして外径１/８インチ、長さ30フィートのステンレス製のDC 200/500型カラムを推奨している[63]。GPA 2261-86は分配型カラムを用いて行う分析を30分以内に完了させるよう求めている[64]。

LNGの分析では分析時間を短縮する目的で主カラムの注入口側に保持時間の長い重質成分と保持時間の短い軽質成分を大別するためのプレカットカラムが追加される[65]。図４

63　GPA Standard 2261-13 3.1.3.1

64　GPA Standard 2261-86 3.1.5

－4はプレカットカラムと6方バルブを利用した分析の流れを示している。

（1）　図4－4Aは分析の対象となるガス中の重質成分がプレカットカラム内に留まる様子を示したものである。ガス中の軽質成分はプレカットカラムに滞留することなく主カラムに向かう。
（2）　図4－4Bはガス中の軽質成分が主カラム内で分離されている間に6方バルブを回転した状態を示している。キャリヤーガスが逆流（バックフラッシュ）することにより、プレカットカラムで分離された重質成分が検出器に送られる。
（3）　プレカットカラムから重質成分を排出した後にキャリヤーガス流を元に戻すと主カラム内で分離された軽質成分が検出器に送られる。

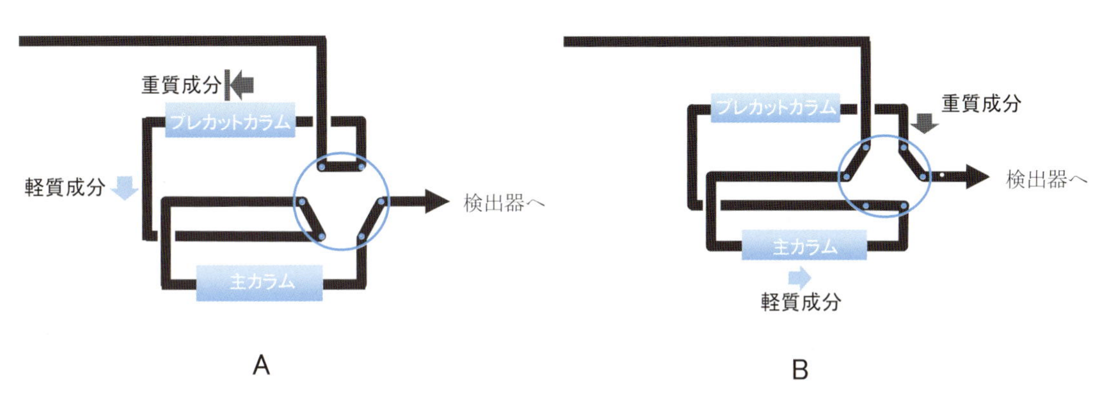

図4－4　重質成分のプレカット

4.2.3　検出器

ガスクロマトグラフに付随する検出器にはさまざまなものがあるが、LNGの分析にはガスに含まれる各成分をそれらの熱伝導度の違いに基づいて検出する熱伝導度型検出器（TCD：Thermal Conductivity Detector）が使用される[66]。表4－3は混合標準ガスやサンプルガスに含まれる成分及びキャリヤーガスとして使用されるヘリウムの熱伝導度を示したものである。

ダブルフィラメント熱伝導度型検出器は電流により発熱する2つのフィラメントをブリッジ回路に組み込んだものであり、図4－5に示すように、1つのフィラメント（フィラメントA）はカラムを経由して到来するガスの流路内に、他の1つ（フィラメントB）は試料を含まないキャリヤーガスの流路内に配置されている。分析の対象となる成分を含むキャリヤーガスに曝されるフィラメントAの温度は混合標準ガスまたはサンプルガスに含まれる炭化水素や窒素が到来するたびそれらの熱伝導度に応じて変化する。混合標準ガス及びサンプルガスに含まれる各成分は温度により変化するフィラメントAの電気抵抗値

65　GPA Standard 2261-13 3.1.3.2
66　GPA Standard 2261-13 3.1.1

表４－３　熱伝導度

成分	［10^{-5} cal/sec・cm^2・℃］
メタン	7.20
エタン	4.31
プロパン	3.60
窒素	5.81
ヘリウム	34.31

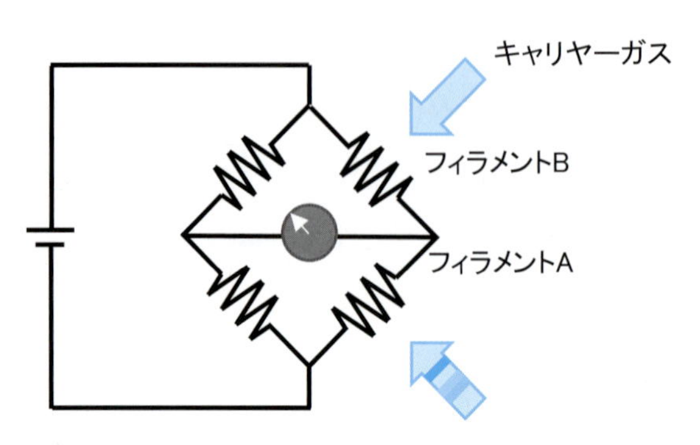

図４－５　ダブルフィラメント熱伝導度型検出器

を常にキャリヤーガスに曝されているフィラメントBの電気抵抗と対照することにより定量される。

シングルフィラメント熱伝導度型検出器は単一のフィラメントをこれら二種類のガスに交互に曝露する仕様となっている。

4.2.4　データ処理部

熱伝導度型検出器により検出された混合標準ガスやサンプルガス中の各成分は横軸を分単位の保持時間、縦軸をマイクロボルト単位の電圧値とするクロマトグラム上にピークとして出現する。図４－６のクロマトグラムではプレカットカラムからバックフラッシュされたヘキサン以上（C_6^+）の重質成分の後方に主カラムで分離されたメタン（C_1）からノルマルペンタン（n-C_5）が示されている。クロマトグラムより混合標準ガスやサンプルガスに含まれる各成分の量をカウント数として示されるピーク面積またはミリメートル単位のピーク高さとして知ることができる。

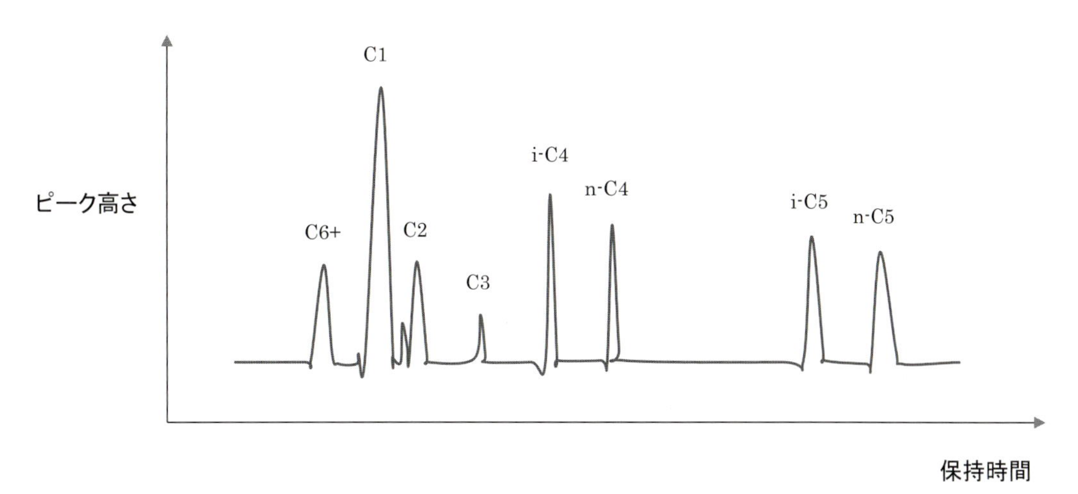

図 4－6　クロマトグラム

4.3　混合標準ガスの分析

LNGの分析ではサンプルガスの分析に先立ち混合標準ガスの分析が実施される。分析の繰り返し性を確認するため混合標準ガスの分析は 2 回行われ、その結果と分析したガスのモル分率から感度係数が求められる。混合標準ガスの分析に関わる一連の手順を図 4－7 に示す。

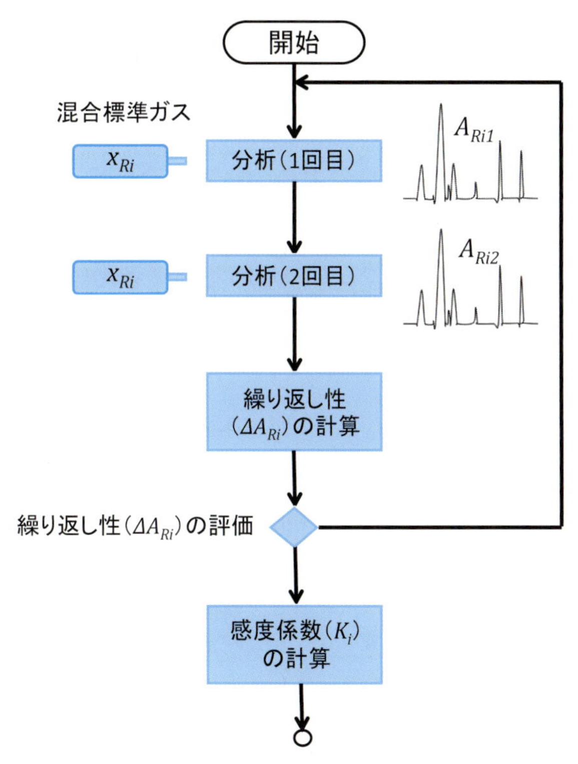

図 4－7　混合標準ガスの分析

4.3.1　混合標準ガスの分析の繰り返し性の評価

分析の妥当性は連続して２回実施された分析から得られた各成分のピーク面積の繰り返し性ΔA_{Ri}により評価される。いずれかの成分の繰り返し性ΔA_{Ri}が予め定められた許容値を超えた場合は許容範囲に収まるまで分析を繰り返すこととなる。繰り返し性ΔA_{Ri}は式４－２により計算される。

$$\Delta A_{Ri} = \frac{|A_{Ri1} - A_{Ri2}|}{\frac{A_{Ri1} + A_{Ri2}}{2}} \qquad （式４－２）$$

上式中、

ΔA_{Ri}：混合標準ガス中の成分iのピーク面積の繰り返し性

A_{Ri1}：１回目の分析で得られた混合標準ガス中の成分iのピーク面積

A_{Ri2}：２回目の分析で得られた混合標準ガス中の成分iのピーク面積

式４－２は２回の分析から得られた各成分のピーク面積の平均値を分母としている。分母には１回目の分析で得られたピーク面積A_{Ri1}やいずれか大きいほうのピーク面積が適用されることもある。

すべての成分について繰り返し性ΔA_{Ri}が満たされていれば、１回目の分析で得られたピーク面積A_{Ri1}と２回目の分析で得られたピーク面積A_{Ri2}の平均値が混合標準ガスに含まれる各成分の平均ピーク面積A_{Ri}となる。

NGPA 2261-72は繰り返し性ΔA_{Ri}の許容値をピーク面積の１％以下またはピーク高さの１ミリメートル以下としていたが[67]、1986年の改訂に際してピーク面積の0.5％以下に変更した[68]。GPA 2261-13では各成分のモル分率x_{Ri}から繰り返し性許容値が計算される[69]。

売買契約には特定の年度に発行されたGPA規格を参照するよう規定していものと最新のGPA規格を参照するよう規定しているものがある。後者の中には、売買契約条項例４－２に示すような条項を付加することにより繰り返し性ΔA_{Ri}の許容値を緩和しているものもある。

売買契約条項例４－２

Duplicate runs shall be made both on the reference standard gas and the sample gas to confirm the repeatability of the analyses being either within 1 percent of the peak area, or 1 mm of the peak height, of each component.
各成分の繰り返し性がピーク面積の１パーセント以内またはピーク高さの１ミリメートル以内にあることを確認するため、混合標準ガス及びサンプルガスの双方に対してそれぞれ２回の分析が行われなければならない。

導入圧力P_Rで得られたピーク面積A_{Rin}は式４－３により基準圧力Pにおけるピーク面積

67　NGPA Publication 2261-72 5.2

68　GPA Standard 2261-86 6.3

69　GPA Standard 2261-13 Table VI

A'_{Rin}に換算することができる。

$$A'_{Rin} = A_{Rin} \times \frac{P}{P_R} \qquad \text{（式 4 - 3）}$$

上式中、

A'_{Rin}：基準圧力下におけるピーク面積

A_{Rin}：導入圧力P_{Ri}で得られたピーク面積

P：基準圧力［kPaA］

P_R：混合標準ガスの導入圧力［kPaA］

【計算例 4 - 1】

表 4 - 4 を使い、2 回の分析で得られたピーク面積A_{Ri1}及びA_{Ri2}からそれぞれの成分についてピーク面積の繰り返し性ΔA_{Ri}を算出する。1 回目の導入圧力と 2 回目の導入圧力は等しいものとする。各成分の繰り返し性がピーク面積の 1 パーセント以内であることを確認できれば、混合標準ガスに含まれる各成分の平均ピーク面積A_{Ri}を求める。

【解答】

式 4 - 2 により計算した各成分のピーク面積の繰り返し性ΔA_Rはすべて 1 パーセント以内となる。各成分の平均ピーク面積A_{Ri}は 1 回目の分析で得られたピーク面積A_{Ri1}と 2 回目の分析で得られたピーク面積A_{Ri2}を平均した値である。

表 4 - 4　混合標準ガスの分析の繰り返し性の計算例

成分	A_{Ri1} A_{Ri2}	ΔA_{Ri}	A_{Ri}
CH_4	2582383 2584022	0.06%	2583203
C_2H_6	280125 280299	0.06%	280212
C_3H_8	94301 94355	0.06%	94328
i-C_4H_{10}	19835 19819	0.08%	19827
n-C_4H_{10}	21598 21611	0.06%	21605
i-C_5H_{12}	1266 1267	0.08%	1267
n-C_5H_{12}	852 852	0.00%	852
N_2	3203 3206	0.09%	3205

4.3.2 感度係数の決定

混合標準ガスに含まれる各成分の感度係数K_iは混合標準ガスに含まれるそれぞれの成分のモル分率x_{Ri}と分析により得られた平均ピーク面積A_{Ri}から式 4－4 により計算される[70]。

$$K_i = \frac{x_{Ri}}{A_{Ri}} \quad \text{（式 4－4）}$$

上式中、

K_i：成分iの感度係数

x_{Ri}：混合標準ガス中の成分iのモル分率［mol %］

A_{Ri}：混合標準ガス中の成分iの平均ピーク面積

【計算例 4－2】

表 4－5 を使い、混合標準ガス中の各成分のモル分率x_{Ri}と平均ピーク面積A_{Ri}からそれぞれの成分の感度係数K_iを算出する。

【解答】

式 4－4 により感度係数K_iを計算する。

表 4－5　感度係数の計算例

成分	x_{Ri}	A_{Ri}	K_i
CH_4	89.565%	2583203	0.0000346721
C_2H_6	6.345%	280212	0.0000226436
C_3H_8	2.849%	94328	0.0000302031
$i\text{-}C_4H_{10}$	0.527%	19827	0.0000265799
$n\text{-}C_4H_{10}$	0.561%	21605	0.0000259662
$i\text{-}C_5H_{12}$	0.028%	1267	0.0000220994
$n\text{-}C_5H_{12}$	0.017%	852	0.0000199531
N_2	0.108%	3205	0.0000336973

4.4 サンプルガスの分析

サンプルガスの分析は混合標準ガスの分析に引き続き 2 回行われる。サンプルガスに含まれる各成分のモル分率は混合標準ガスの分析から得られた感度係数とサンプルガスの分析から得られたピーク面積から計算される。サンプルガスの分析に関わる一連の手順を図 4－8 に示す。

70　GPA Standard 2261-13 8.2

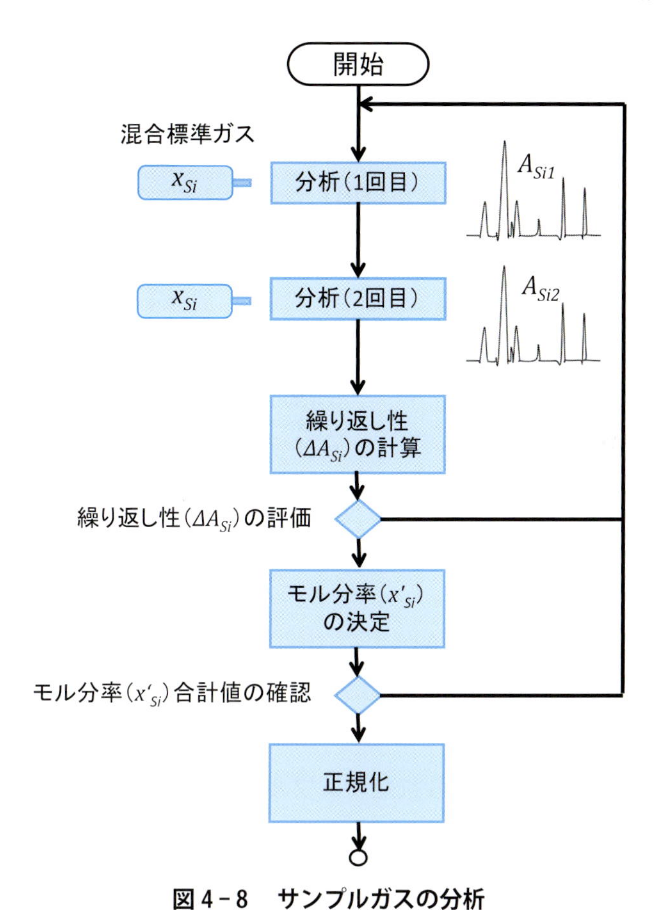

図４－８　サンプルガスの分析

4.4.1　サンプルガスの分析の繰り返し性の評価

サンプルガスの分析も混合標準ガスの分析と同様の手法により繰り返し性ΔA_{Si}が評価される。すなわち、

$$\Delta A_{Si}=\frac{|A_{Si1}-A_{Si2}|}{\frac{A_{Si1}+A_{Si2}}{2}} \quad （式４－５）$$

上式中、

　ΔA_{Si}：サンプルガス中の成分iのピーク面積の繰り返し性
　A_{Si1}：１回目の分析で得られたサンプルガス中の成分iのピーク面積
　A_{Si2}：２回目の分析で得られたサンプルガス中の成分iのピーク面積

上式中の分母には、２回の分析から得られた各成分のピーク面積の平均値に代えて１回目のピーク面積A_{Si1}やいずれか大きいほうのピーク面積が適用されることもある。

サンプルガスの分析の繰り返し性ΔA_{Si}の判定には混合標準ガスの分析の繰り返し性ΔA_{Ri}の判定に適用した許容値が適用される。サンプルガスの繰り返し性ΔA_{Si}が許容値を超えた場合は許容範囲に収まるまで分析が繰り返される。

サンプルガスに含まれるすべての成分について繰り返し性ΔA_{Si}が満たされていれば、１

回目の分析で得られたピーク面積A_{Si1}と２回目の分析で得られたピーク面積A_{Si2}の平均値がサンプルガスに含まれる各成分の平均ピーク面積A_{Si}となる。

混合標準ガスの分析に際して式４－３を用いて基準圧力Pにおける各成分のピーク面積A'_{Rin}からそれぞれの成分の感度係数K_iを算出した場合はサンプルガスに含まれる各成分のピーク面積A_{Sin}を式４－６により基準圧力Pにおけるピーク面積A'_{Sin}に換算することになる。

$$A'_{Sin} = A_{Sin} \times \frac{P}{P_s} \qquad \text{（式４－６）}$$

上式中、

A'_{Sin}：基準圧力下におけるピーク面積

A_{Sin}：導入圧力P_{Si}で得られたピーク面積

P：基準圧力［kPaA］

P_S：サンプルガスの導入圧力［kPaA］

【計算例４－３】

表４－６を使い、２回の分析で得られたサンプルガスに含まれる各成分のピーク面積A_{Si1}及びA_{Si2}からそれぞれの成分について繰り返し性ΔA_{Si}を算出する。サンプルガスの導入圧力は混合標準ガスの導入圧力に等しいものとする。各成分の繰り返し性がピーク面積の１パーセント以内であることを確認し、サンプルガスに含まれる各成分の平均ピーク面積A_{Si}を求める。

【解答】

各成分のピーク面積の繰り返し性ΔA_{Si}を式４－５により計算した結果はすべて１パーセント以内となる。各成分の平均ピーク面積A_{Si}は１回目の分析で得られたピーク面積A_{Si1}と２回目の分析で得られたピーク面積A_{Si2}を平均した値となる。

表 4 - 6 サンプルガスの分析の繰り返し性の計算例

成分	A_{Si1} A_{Si2}	ΔA_{Si}	A_{Si}
CH_4	2501199 2501653	0.02%	2501426
C_2H_6	365997 366014	0.00%	366006
C_3H_8	110154 110133	0.02%	110144
i-C_4H_{10}	16599 16588	0.07%	16594
n-C_4H_{10}	21849 21855	0.03%	21852
i-C_5H_{12}	862 862	0.00%	862
n-C_5H_{12}	209 209	0.00%	209
N_2	1398 1397	0.07%	1398

4.4.2 サンプルガス中の各成分のモル分率の決定

サンプルガスに含まれる各成分のモル分率x'_{Si}はサンプルガスの分析により得られたそれぞれの成分の平均ピーク面積A_{Si}と混合標準ガスの分析から得られた感度係数K_iより式 4 - 7 を用いて計算される[71]。

$$x'_{Si}=A_{Si}\times K_i \quad （式 4 - 7）$$

上式中、

x'_{Si}：サンプルガス中の成分iのモル分率［mol %］

A_{Si}：サンプルガス中の成分iの平均ピーク面積

K_i：成分iの感度係数

上記により求めた各成分のモル分率x'_{Si}の合計が100モルパーセントから大きく離れている場合は分析に使用した機器または分析手順に何らかの問題が生じている可能性がある。サンプルガスの導入圧力が混合標準ガスの導入圧力より高い場合はモル分率x'_{Si}の合計が100を超える。サンプルガスの導入圧力が混合標準ガスの導入圧力より低い場合はモル分率x'_{Si}の合計値が100より小さくなる。混合ガスに含まれていない成分や水分がサンプルガ

71 GPA Standard 2261-13 8.3

ス中に存在する場合もモル分率x'_{Si}の合計値が100より小さくなる。モル分率x'_{Si}の合計が100±1モルパーセントの範囲内に入らない場合は再度分析を行うこととなる。

モル分率x'_{Si}の合計が100±1モルパーセントの範囲内に入るが100.00モルパーセントとならない場合は式4－8により正規化（ノーマライゼーション）を行う[72]。正規化を繰り返した場合の差分はモル分率が最大のメタンにより調整される。正規化後のモル分率x_{Si}は小数点以下2桁のモルパーセント単位で表される。

$$x_{Si} = x'_{Si} \times \frac{100}{\Sigma x'_{Si}} \qquad \text{（式4－8）}$$

上式中、

x_{Si}:サンプルガス中の成分iのモル分率（正規化後）[mol %]

x'_{Si}:サンプルガス中の成分iのモル分率（正規化前）[mol %]

【計算例4－4】

表4－7を使い、計算例4－2で求めた感度係数K_iと計算例4－3で求めたサンプルガス中の各成分の平均ピーク面積A_{Si}からサンプルガスに含まれるそれぞれの成分のモル分率X'_{Si}を算出する。各成分のモル分率x'_{Si}の合計が100.00%にならない場合は正規化を行う。

【解答】

サンプルガスに含まれる各成分のモル分率X'_{Si}を式4－7により計算する。各成分のモル分率X'_{Si}を合計した値は100モルパーセントの範囲内に入るが100.00モルパーセントとならないため式4－8により正規化を行う。

表4－7　モル分率の計算例

成分	K_i	A_{Si}	x'_i	x_i
CH_4	0.0000346721	2501426	86.730%	87.23%
C_2H_6	0.0000226436	366006	8.288%	8.34%
C_3H_8	0.0000302031	110144	3.327%	3.35%
$i\text{-}C_4H_{10}$	0.0000265799	16594	0.441%	0.44%
$n\text{-}C_4H_{10}$	0.0000259662	21852	0.567%	0.57%
$i\text{-}C_5H_{12}$	0.0000220994	862	0.019%	0.02%
$n\text{-}C_5H_{12}$	0.0000199531	209	0.004%	0.00%
N_2	0.0000336973	1398	0.047%	0.05%
Σ			99.423%	100.00%

4.4.3　ヘキサン以上の成分のモル分率の算出

サンプルガスの分析において混合標準ガスに含まれているペンタンよりも分子量の大き

72　GPA Standard 2261-13 9.1

い成分のピークが出現することがある。このような成分はヘキサンプラス（C_6^+）として取りまとめられ、そのモル分率は式4－9により推算される[73]。サンプルガスの組成を決定する際はヘキサンプラスのモル分率x'_{SC6+}と他の成分のモル分率x'_{Si}から各成分の正規化後のモル分率x_{Si}を決定することになる。

$$x'_{SC6+}=(x'_{SiC5}+x'_{SnC5})\times\frac{\left(A_{SC6+}\times\dfrac{M_{C5}}{M_{C6+}}\right)}{(A_{SiC5}+A_{SnC5})} \qquad \text{（式4－9）}$$

上式中、

x'_{SC6+}：サンプルガス中のヘキサンプラスのモル分率［mol %］

x'_{SCiC5}：サンプルガス中のイソペンタンのモル分率［mol %］

x'_{SCnC5}：サンプルガス中のノルマルペンタンのモル分率［mol %］

A_{SiC5}：サンプルガス中のイソペンタンのピーク面積

A_{SnC5}：サンプルガス中のノルマルペンタンのピーク面積

A_{SC6+}：サンプルガス中のヘキサンプラスのピーク面積

M_{C5}：ペンタンの分子量［kg/kmol］

M_{C6+}：ヘキサンプラスの推定分子量［kg/kmol］

【計算例4－5】

サンプルガスを分析したところヘキサンプラスのピーク面積A_{SC6+}として588カウントが出現した。表4－8の値を使用して、サンプルガスに含まれるヘキサン以上の成分のモル分率x'_{SC6+}を算出する。

表4－8　ヘキサン以上の成分のモル分率の計算例

x'_{SiC5}	サンプルガス中のイソペンタンのモル分率	0.019 %
x'_{SnC5}	サンプルガス中のノルマルペンタンのモル分率	0.004 %
A_{SiC5}	サンプルガス中のイソペンタンのピーク面積	862
A_{SnC5}	サンプルガス中のノルマルペンタンのピーク面積	210
A_{SC6+}	サンプルガス中のヘキサンプラスのピーク面積	588
M_{C5}	ペンタンの分子量	72.15 g/mol
M_{C6+}	ヘキサンプラスの推定分子量	93.19 g/mol

【解答】

表4－8に示されている値を式4－9に代入する。

73　GPA Standard 2261-00 7.3.4

$$x'_{SC6+}=(x'_{SiC5}+x'_{SnC5})\times\frac{\left(A_{SC6+}\times\frac{M_{C5}}{M_{C6+}}\right)}{(A_{SiC5}+A_{SnC5})}$$

$$=(0.019+0.004)\times\frac{\left(588\times\frac{72.15}{93.19}\right)}{(862+210)}$$

$$=0.010\ \%$$

4.5　不純物の分析

LNGの売買契約書には受け渡しされるLNGに含まれる全硫黄と硫化水素の許容値が分析方法とともに規定されていることがある。水銀の許容値及び分析方法が規定されている場合もある。これら不純物の分析も積地で受け渡し数量が決定される場合は積地において売主により、揚地で受け渡し数量が決定される場合は揚地において買主によりそれぞれ必要に応じて実施される。受け渡しされるLNG中に不純物が含まれていないことについて買主が確証を得ることを目的とする場合、積地で受け渡しされる契約については売買契約条項例４－３、揚地で受け渡しされる契約については売買契約条項例４－４のような条項が含まれる。

売買契約条項例４－３

Seller shall, if requested by Buyer or when considered necessary, perform analyses for impurities on samples in accordance with the following test methods.

買主からの要求または必要性に基づいて売主が行う不純物の分析は以下の方法によらなければならない。

売買契約条項例４－４

Buyer shall, when considered necessary, perform analyses for impurities on samples in accordance with the following test methods.

必要性に基づいて買主が行う不純物の分析は以下の方法によらなければならない。

表４－９及び表４－10は全硫黄及び硫化水素分析の方法として売買契約書に参照されることの多い規格を示したものである。

表４－９　全硫黄の分析方法

JIS K2301:2011	過塩素酸バリウム沈殿滴定法
JIS K2301:2011	ジメチルスルホナゾIII吸光光度法
JIS K2541-2:1992	微量電量滴定式酸化法
ISO 6326-5:1989	燃焼法
ASTM D3246-15	微量電量滴定式酸化法
ASTM D4468-85	水素化分解及び比色測定法

表 4-10　硫化水素の分析方法

JIS K2301-2011	メチレンブルー吸光光度法
JIS K2301-2011	酢酸鉛試験紙法
ISO 6326-3:1989	電位差滴定法
ISO 19739:2004	炎光光度検出器付ガスクロマトグラフ法
ASTM D4084-07	酢酸鉛反応速度法

Calculation of Energy

5．熱量計算

石油類や石炭が容積や質量を単位として取引されるのに対し、天然ガスの売買に由来するLNGは熱量を単位として取引されており、売主から買主に引き渡されたLNGの熱量は船上計量から得られたデータ（「1.船上計量」参照）及びそのLNGの成分組成（「4.分析」参照）より売買契約書に定められた方法により計算される。熱量の計算に使用される各成分の物性定数等も売主と買主の間で合意された規格等に示されている値が使用される。

契約内容により表現に多少の違いはあるが、標準的な売買契約書には引き渡された熱量の計算方法として以下のような式が示されている。液化ガスの密度や熱量の計算方法を規定するISO 6578:2017[74]やLNGの計量に関するISO 10976:2015[75]に示されているのも同様の式である。

$$Q=C\times\left(V\times D\times H_m-V\times\frac{273.15+T_{Sm}}{273.15+T_V}\times\frac{P_V}{P_{Sm}}\times H_{VR}\right) \qquad \text{（式 5－1）}$$

この式の右辺の括弧内にあるマイナス符号の左側の項は売主から買主に移送された液の熱量である。マイナス符号の右側では液の移送に伴い返送されるリターンガスが有する熱量が計算される。メガジュール単位で計算された括弧内の熱量は係数Cにより取引単位である百万BTU単位に換算される。式 5－2 は式 5－1 を簡略化したものである。

$$Q=C\times(Q_L-Q_V) \qquad \text{（式 5－2）}$$

上式中、

Q：引き渡された熱量［MMBTU］

C：単位換算係数［MMBTU/MJ］

Q_L：移送された液の熱量［MJ］

Q_V：リターンガスの熱量［MJ］

上記両式を比べると、式 5－2 に示されている移送された液の熱量Q_Lが式 5－1 では移送されたLNGの液容積Vと液密度Dと単位質量当たり発熱量H_mの積とされていることが分かる。式 5－2 に示されているリターンガスの熱量Q_Vは式 5－1 においてLNGの受入側から送出側へ返送されたガスの容積Vを標準状態における容積に換算した上で容積当たり発熱量H_{VR}として計算されている。

74　ISO 6578:2017 6.2

75　ISO 10976:2015 D.6

取引に際してBTU/SCF等を単位とする気化したLNGの単位容積当たりの発熱量が引き渡された熱量Qとともに計算されることもあるが、単位容積当たり発熱量は取引価格に影響を及ぼさない。

計算に使用される記号は売買契約書により異なっている。本書では表5－1に示す記号を使用している。

表5－1　記号

記号	意味
$\sqrt{b_i}$	加算係数
C	単位換算係数　[MMBTU/MJ]
D	液密度 [kg/ m^3]
H_{C1}	燃焼基準温度 T_{Sc}におけるメタンの単位モル当たり発熱量　[MJ/kmol]
H_i	燃焼基準温度 T_{Sc}における成分iの単位モル当たり発熱量　[MJ/kmol]
H_m	燃焼基準温度 T_{Sc}におけるLNGの単位質量当たり発熱量　[MJ/kg]
H_{mC1}	燃焼基準温度 T_{Sc}におけるメタンの単位質量当たり発熱量　[MJ/kg]
H_{mi}	燃焼基準温度 T_{Sc}における成分iの単位質量当たり発熱量　[MJ/kg]
H_V	気化したLNG（理想気体）の単位容積当たり発熱量 [MJ/m^{3}またはBTU/SCF]
H'_V	気化したLNG（実在気体）の単位容積当たり発熱量 [MJ/m^{3}またはBTU/SCF]
H_{vC1}	計量基準温度 T_{Sm}、計量基準圧力　Ps_m、燃焼基準温度 T_{Sc}におけるメタンの単位容積当たり発熱量 [MJ/m^3]
H_{vi}	計量基準温度 T_{Sm}、計量基準圧力　Ps_m、燃焼基準温度 T_{Sc}における成分iの単位単位容積当たり発熱量 [MJ/ m^3]
H_{VR}	計量基準温度 T_{Sm}、計量基準圧力　Ps_m、燃焼基準温度 T_{Sc}におけるリターンガスの単位容積当たり発熱量 [MJ/m^3]
k	クロセク・マッキンリー法における容積収縮係数 [m^3/kmol]
k_1	改訂クロセク・マッキンリー法における容積収縮係数 [m^3/kmol]
k_2	改訂クロセク・マッキンリー法における容積収縮係数 [m^3/kmol]
M_C	停泊中に船内で消費されたガスの質量 [kg]
M_{C1}	メタンの分子量 [kg/kmol]
M_i	成分 i の分子量 [kg/kmol]
p	圧力 [kPaA]
P_{Sm}	計量基準圧力 [kPaA]
P_V	リターンガスの圧力 [kPaA]
P_{V1}	前尺時のガス圧力 [kPaA]
P_{V2}	後尺時のガス圧力 [kPaA]
Q	引き渡された熱量　[MMBTU]
Q_C	停泊中に船内で消費されたガスの熱量　[MJ]
Q_L	燃焼基準温度 T_{Sc}における移送された液の熱量 [MJ]
Q_V	計量基準温度 T_{Sm}、計量基準圧力　Ps_m、燃焼基準温度 T_{Sc}におけるリターンガスの熱量 [MJ]
R	気体定数 [J/mol･K]
T	温度（熱力学温度）[K]

T_L	移送されたLNGの液温度［℃］
T_{L1}	前尺時液温度［℃］
T_{L2}	後尺時液温度［℃］
T_{Sc}	燃焼基準温度［℃］
T_{Sm}	計量基準温度［℃］
T_V	リターンガスの温度［℃］
T_{V1}	前尺時ガス温度［℃］
T_{V2}	後尺時ガス温度［℃］
V	移送された液容積またはリターンガスの容積［m^3］
V_1	前尺時の液容積［m^3］
V_2	後尺時の液容積［m^3］
V_C	停泊中に船内で消費されたガスの容積［m^3］
V_i	液温度 T_Lにおける成分iの飽和液容積［m^3/kmol］
V_m	単位モル当たり気体容積［m^3/kmol］
ΔV	容積収縮量［m^3/kmol］
W	引き渡されたLNGの質量［t］
WI	気化したLNG（理想気体）のウォッベ指数
WI'	気化したLNG（実在気体）のウォッベ指数
x_i	成分iのモル分率［mol%］
x_m	メタンのモル分率［mol%］
x_n	窒素のモル分率［mol%］
Z	気化したLNGの圧縮係数
Z_i	成分 i の圧縮係数

5.1 関連用語

（１） 国際単位系と英米単位系

SIと表記される国際単位系はメートル条約の締約国が採用すべき計量単位系として1960年に開催された国際度量衡総会で採用された単位系である。帝国単位（Imperial unit）や米国慣用単位（US customary unit）は英国や米国を中心に使用されている単位系である。帝国単位や米国慣用単位はFPS（Foot―pound―second system）と呼ばれることもある。

LNGの熱量計算では国際単位系に基づいて算出されたメガジュール単位の熱量を英国熱量単位［BTU］に換算することになる。１BTUは１ポンドの水の温度を１℉上昇させるのに必要な熱量（約252カロリー）である。売買契約書の中には売買契約条項例５－１のような条項を設けることにより、取引において使用する単位を明確にしているものもある。

売買契約条項例 5 - 1

International System of Units (SI) shall be used except for the Quantity Delivered which is expressed in MMBTU, the Volume-based Gross Heating Value which is expressed in BTU/SCF and pressure which is expressed in millibars.

MMBTUを単位とする引き渡された熱量及びBTU/SCFを単位とする単位容積当たり総発熱量ならびにミリバールを単位とする圧力を除き、国際単位系（SI）を使用することとする。

（2） 燃焼基準状態と計量基準状態

燃焼基準状態（Combustion reference condition）とは試料となる燃料を燃焼させる環境の温度（燃焼基準温度T_{Sc}）及び圧力（燃焼基準圧力）のことである。燃焼に際して圧力の影響は極めて小さいため、通常は燃焼基準温度T_{Sc}のみが考慮の対象となる。国際規格において最も広く使用されている燃焼基準温度T_{Sc}は15 °Cである。英米単位系を使用する規格では60 °Fとされていることが多い。

計量基準状態（Metering reference condition）とは試料となる燃料の計量時における温度（計量基準温度T_{Sm}）及び圧力（計量基準圧力P_{Sm}）のことである。ISOにおける計量基準状態は15 °C、101.325キロパスカルである[76]。英米単位系では計量基準状態を60 °F、14.696 psiとするものが多い。計量基準温度T_{Sm}は 0 °Cとされることもある。所与の温度、圧力で計量された燃料ガスの容積はボイル・シャルルの法則により計量基準状態における容積に換算することができる。

（3） 総発熱量と真発熱量

発熱量（Heating valueまたはCalorific value）とは燃焼基準温度T_{Sc}において一定量の燃料を空気中で完全に燃焼させた際に生じる熱の量である。燃焼により生じたガスを元の温度T_{Sc}に戻した際に燃焼時に伴い生成された水蒸気が凝縮することにより発する潜熱を含めた発熱量を総発熱量（Gross heating value）または高位発熱量（Superior heating value）という。水蒸気の凝縮潜熱を含まない発熱量を真発熱量（Net heating value）または低位発熱量（Inferior heating value）という。

LNGの取引には総発熱量が使用される。

（4） 単位質量当たり発熱量と単位容積当たり発熱量

質量または容積 1 単位当たりの発熱量が与えられればすべての燃料を燃焼させずともその燃料全体の発熱量を知ることができる。LNGに含まれる炭化水素の単位質量当たり発熱量H_{mi}と単位容積当たり発熱量H_{vi}はISO 6976:1995やGPA Midstream Standard 2145-16等の規格に示されている。

単位質量当たり発熱量H_{mi}は質量 1 単位の燃料を空気中で完全に燃焼させたときに生じ

76 ISO13443:2007 3

る総発熱量または真発熱量であり、MJ/kgやBTU/lb等の単位で表される。単位質量当たり発熱量H_{mi}の値は燃焼基準状態により異なる。式５－３により単位モル当たり発熱量H_iから単位質量当たり発熱量H_{mi}を求めることもできる。

$$H_{mi}=\frac{H_i}{M_i} \qquad \text{（式５－３）}$$

上式中、

H_{mi}：燃焼基準温度T_{Sc}における燃料中の成分iの単位質量当たり発熱量［MJ/kg］

H_i：燃焼基準温度T_{Sc}における燃料中の成分iの単位モル当たり発熱量［MJ/kmol］

M_i：燃料中の成分iの分子量［kg/kmol］

【計算例５－１】

燃焼基準温度T_{Sc}が15 ℃におけるメタンの単位質量当たり発熱量H_{mC1}を計算する。メタンの分子量M_{C1}は16.04 kg/kmol、燃焼基準温度T_{Sc}における単位モル当たり発熱量H_{C1}は891.6 MJ/kmolとする。

【解答】

式５－３にメタンの分子量M_{C1}及び単位モル当たり発熱量H_{C1}を代入する。

$$H_{mC1}=\frac{H_{C1}}{M_{C1}}$$

$$=\frac{891.6}{16.04}$$

$$=55.59\ \mathrm{MJ/kg}$$

単位容積当たり発熱量H_{vi}は容積１単位の燃料を空気中で完全に燃焼させたときに生じる総発熱量または真発熱量であり、MJ/m^{3}やBTU/SCF等の単位で表される。単位容積当たり発熱量H_{vi}の値は燃焼基準状態と計量基準状態により異なる。式５－４により単位モル当たり発熱量H_iから単位容積当たり発熱量H_{vi}を求めることもできる。

$$H_{vi}=H_i\times\frac{P_{Sm}}{R\times T_{Sm}} \qquad \text{（式５－４）}$$

上式中、

H_{vi}：燃焼基準温度T_{Sc}における燃料中の成分iの単位容積当たり発熱量［MJ/m^3］

H_i：燃焼基準温度T_{Sc}における燃料中の成分iの単位モル当たり発熱量［MJ/kmol］

P_{Sm}：計量基準圧力［kPa］

T_{Sm}：計量基準温度［K］

R：気体定数［J/mol･K］

【計算例 5－2】

燃焼基準温度T_{Sc} 15 ℃、計量基準温度T_{Sm} 15 ℃、計量基準圧力P_{Sm} 101.325キロパスカルにおけるメタンの単位容積当たり発熱量H_{vC1}を計算する。計量基準状態におけるメタンの単位モル当たり発熱量H_{C1}は891.6 MJ/kmolとする。熱力学温度で表される 0 °Cは273.15 K、気体定数Rは8.31454 J/mol･Kとする。

【解答】

式 5－4 にメタンの単位容積当たり発熱量H_{vC1}、計量基準圧力P_{Sm}、気体定数R及び計量基準温度T_{Sm}を代入する。

$$H_{vC1}=H_{C1}\times\frac{P_{Sm}}{R\times(273.15+T_{Sm})}$$

$$=891.6\times\frac{101.325}{8.31454\times(273.15+15)}$$

$$=37.7\ \mathrm{MJ/m^3}$$

（5） 理想気体と実在気体

理想気体とは気体の状態方程式$p\times V_m=R\times T$で示される関係が常に成り立つ仮想的な気体である。式中のpは圧力、Vmは単位モル当たり気体容積、Rは気体定数、Tは熱力学温度で表される温度である。

実在気体は分子に一定の体積があり、それぞれの分子の間に分子間力が作用していると考える点において理想気体と異なる。実在気体の状態方程式は圧縮係数Zを含む$p\times V_m=Z\times R\times T$となる。

圧縮係数Zは気体を構成する成分とその温度及び圧力によって異なった値をとる。複数の成分を含む気体の圧縮係数ZはISO 6578:2017[77]等の規格に示されている各成分の加算係数$\sqrt{b_i}$から計算することができる。各成分の加算係数$\sqrt{b_i}$と圧縮係数Z_iは式 5－5 の関係にある。

$$\sqrt{b_i}=\sqrt{1-Z_i} \qquad \text{（式 5－5）}$$

上式中、

$\sqrt{b_i}$：成分iの加算係数

Z_i：成分iの圧縮係数

LNGの計量において、リターンガスは理想気体として取り扱われる。単位容積当たり発熱量やウォッベ指数は理想気体として計算される場合と実在気体として計算される場合がある。

77 ISO 6578:2017 Table E.1

5.2　引き渡された熱量

5.2.1　移送された液とリターンガスの容積

本船と陸上タンクの間で移送された液容積Vは前尺時の液容積V_1と後尺時の液容積V_2の差の絶対値である。他の液体と同様にLNGの容積も温度により変化するが、LNGの熱量の計算には計量時の液温度T_Lにおける密度Dが適用されるため、石油等の計算において見られるような液容積Vに対する温度補正は行われない。

前尺時の液温度T_{L1}と後尺時の液温度T_{L2}は必ずしも一致しないが、両者の液温度が異なる場合は液容積の多いほうの温度が移送されたLNGの液温度T_Lと見做される。すなわち、積荷されたLNGは容積V、温度T_{L2}の液体として取り扱われ、揚荷されたLNGは容積V、温度T_{L1}の液体とされる。移送された液容積Vは売買契約書の指示にしたがい立方メートル単位の整数に丸められることが多い。

前尺時のガス温度T_{V1}と後尺時のガス温度T_{V2}が異なる場合はガスの量の多いほうの温度がリターンガスの温度T_Vと見做される。前尺時のガス圧力P_{V1}と後尺時のガス圧力P_{V2}が異なる場合はガスの量の多いほうの圧力がリターンガスの圧力P_Vとされる。すなわち、積荷の場合は前尺時のガス温度T_{V1}及びガス圧力P_{V1}がリターンガスの温度T_Vと圧力P_Vとなり、揚荷の場合は後尺時のガス温度T_{V2}及びガス圧力P_{V2}がリターンガスの温度T_Vと圧力P_Vとなる。

LNGの荷役はクローズドサイクルで行われるため、積荷の場合は本船のタンク内で増加した液の容積と本船のタンクから陸上タンクに向けて送出されたリターンガスの容積が等しくなる。揚荷の場合は本船のタンク内で減少した液の容積が陸上タンクより到来する同容積のガスで置換される。このため、積荷の場合も揚荷の場合も、移送された液の熱量Q_Lの計算に用いる容積Vとリターンガスの熱量Q_Vの計算に用いる容積Vは等しくなる[78]。これらの関係を図５－１に示す。

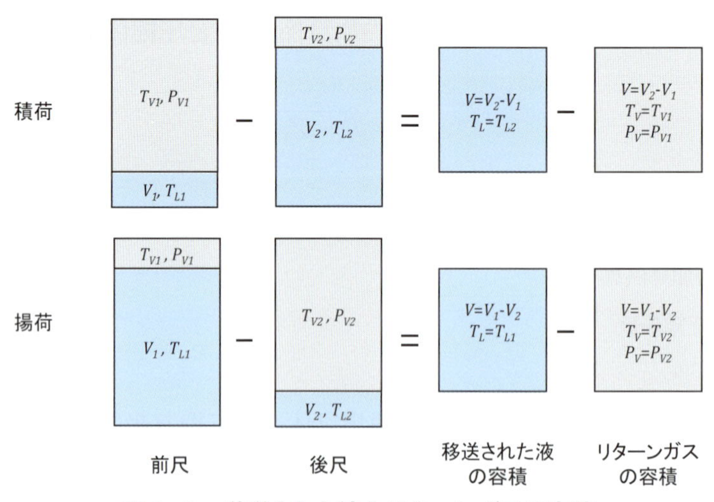

図５－１　移送された液とリターンガスの容積

78　ISO 6578:2017 5.2

【計算例５－３】

表５－２及び表５－３は前尺と後尺のCTMレポートから抜粋したものである。これらのデータから揚荷されたLNGの容積V及び液温度T_Lならびにリターンガスの容積V、温度T_V及び圧力P_Vを求める。

表５－２　前尺データ

CORRECTED VOLUME, m^3	143, 132. 094
SHIP'S AVG VAPOR TEMP, ℃	−135. 5
SHIP'S AVG LIQUID TEMP, ℃	−159. 2
AVG VAPOUR PRESSURE, kPaA	111. 0

表５－３　後尺データ

CORRECTED VOLUME, m^3	1, 799. 817
SHIP'S AVG VAPOR TEMP, ℃	−136. 2
SHIP'S AVG LIQUID TEMP, ℃	−159. 3
AVG VAPOUR PRESSURE, kPaA	112. 5

【解答】

揚荷されたLNGの容積Vは前尺時の液容積V_1から後尺時の液容積V_2を減じた以下の値となる。

$$
\begin{aligned}
V &= V_1 - V_2 \\
&= 143,132.094 - 1,799.817 \\
&= 141,332.277 \\
&\fallingdotseq 141,332 \text{ m}^3
\end{aligned}
$$

揚荷であるので、前尺時の液温度T_{L1}−159.2 ℃が揚荷されたLNGの液温度T_Lとなる。リターンガスの容積Vは揚荷されたLNGの容積Vに等しい141,332立方メートルであり、その温度T_Vと圧力P_Vは後尺時の温度T_{V2}−136.2 ℃、圧力P_{V2}112.5キロパスカルとなる。

5.2.2　液密度

積荷または揚荷されたLNGの液温度T_Lにおける液密度Dは式５－６により求めることができる。この式の分子となるLNGの分子量$\Sigma(x_i \times M_i)$はサンプルガスを分析することにより得られた各成分のモル分率x_iにそれぞれの成分の分子量M_iを乗じた値を総和することにより求められている。分母は各成分のモル分率x_iにそれぞれの成分の液温度T_Lにおける飽和液容積V_iを乗じた値の総和$\Sigma(x_i \times V_i)$からLNGに含まれる成分の分子の大きさの違いや分子間力等から生じる容積の収縮量ΔVを減じた値である。

$$
D = \frac{\Sigma(x_i \times M_i)}{\Sigma(x_i \times V_i) - \Delta V} \qquad \text{（式５－６）}
$$

上式において、

D：液温度T_LにおけるLNGの液密度［kg/ m^3］

x_i：成分iのモル分率［mol%］

M_i：成分iの分子量［kg/kmol］

V_i：液温度T_Lにおける成分iの飽和液容積［m^3/kmol］

ΔV：容積収縮量［m^3/kmol］

上式中の容積収縮量ΔVは以下のクロセク・マッキンリー法または改訂クロセク・マッキンリー法により求めることができる。

（1） クロセク・マッキンリー法（Klosek-McKinley Method）

J.クロセクとC.マッキンリーは17種類の検体に対して62回の密度測定を実施した結果を基に低温炭化水素液体に含まれるメタンのモル分率から容積収縮量ΔVを推定する方法を考案し、1968年に開催された第1回国際LNG会議（LNG 1）に論文を提出した[79]。この方法は液温度T_Lが－220 °Fから－300 °Fの間にある5%未満の窒素、酸素、イソパラフィンを含む分子量33以下の低温炭化水素液体の密度Dを±0.3%の精度で予測することができるとされている。クロセクとマッキンリーが提出した論文には検体の分子量Σ（$x_i \times M_i$）と容積収縮量ΔVの相関関係を表すグラフならびにメタンからヘキサンまでの炭化水素及び窒素の飽和液容積V_iが示されている。

クロセクとマッキンリーによる研究の結果を踏まえてD. J. ボイル及びD. リースが1970年の第2回国際LNG会議（LNG 2）で発表した論文[80]にはLNGの液温度T_Lと分子量Σ（$x_i \times M_i$）から容積収縮係数kを求めるための表が含まれている。

クロセク・マッキンリー法による密度計算式を式5－7に示す。この式ではLNGの容積収縮量ΔVが容積収縮係数kとメタンのモル分率x_mの積として計算されている。

LNGの密度計算においては、補間により求めた飽和液容積V_iと容積収縮係数kの桁数を出典となる表に示されている値と同じ桁数に丸めることが多い。

$$D = \frac{\Sigma(x_i \times M_i)}{\Sigma(x_i \times V_i) - k \times x_m} \qquad \text{（式5－7）}$$

上式中、

D：液温度T_Lにおける液密度［kg/m^3］

x_i：成分iのモル分率［mol%］

79 KLOSEK, J., McKINLEY, C., Densities of liquefied natural gas and of low molecular weight hydrocarbons, *Proceedings of 1st International Conference on LNG*, 1968

80 BOYLE, D. J., REECE, D., Bulk measurement of LNG, *Proceedings of 2nd International Conference on LNG*, 1970

M_i：成分iの分子量［kg/kmol］

V_i：液温度T_Lにおける成分iの飽和液容積［m^3/kmol］

k：クロセク・マッキンリー法における容積収縮係数［m^3/kmol］

x_m：メタンのモル分率［mol%］

【計算例 5－4】

計算例 4－4 の組成を有するLNGの液温度T_L-159.2 ℃における液密度Dをクロセク・マッキンリー法により求める。LNGの分子量Σ（$x_i \times M_i$）は18.592327 kg/kmolとする。液温度T_LにおけるLNGの飽和液容積Σ（$x_i \times M_i$）は0.0402958122 m^3/kmolとする。容積収縮係数 k は表 5－4 から求める。

【解答】

LNGの分子量（Σ（$x_i \times M_i$））と液温度T_Lから表 5－4 により容積収縮係数kを求める。

表 5－4　容積収縮係数 k の計算例

	-155 ℃	-160 ℃	-159.2 ℃
18.5 kg/kmol	0.00065	0.00060	0.000608
19.0 kg/kmol	0.00076	0.00071	0.000718
18.592327 kg/kmol			0.0006283

上表において、分子量18.5 kg/kmolのLNGの-159.2 ℃における容積収縮係数kは以下により求められている。

$$0.00065-\frac{(0.00065-0.00060)\times((-155)-(-159.2))}{((-155)-(-160))}=0.000608$$

また、分子量19.0 kg/kmolのLNGの-159.2 ℃における容積収縮係数kは以下により求められている。

$$0.00076-\frac{(0.00076-0.00071)\times((-155)-(-159.2))}{((-155)-(-160))}=0.000718$$

これらより、分子量18.592327 kg/kmolのLNGの－159.2 ℃における容積収縮係数kは、

$$0.000608+\frac{(0.000718-0.000608)\times(18.592327-18.5)}{(19.0-18.5)}=0.0006283$$

表値に合わせてこれを四捨五入すると、$k=0.00063$ となる。

－159.2 ℃における液密度Dは上記で求めた容積収縮係数kとLNGの分子量Σ（$x_i \times M_i$）

及び飽和液容積Σ（$x_i \times M_i$）を式５－７に代入して求める。

$$D=\frac{\Sigma(x_i \times M_i)}{\Sigma(x_i \times V_i)-k \times x_m}$$

$$=\frac{18.592327}{0.0402958122-0.00063 \times 0.8723}$$

$$=467.78\mathrm{kg/m^3},\ -159.2\ ^\circ\mathrm{C}$$

（２） 改訂クロセク・マッキンリー法（Revised Klosek-McKinley Method）

クロセク・マッキンリー法の精度について検討を加えたR．D．マッカーティーらの研究グループは炭素数の少ない炭化水素から成るLNGの容積収縮が多くのブタンや窒素を含むLNGの容積収縮と異なる傾向を示すことに気づき、二つの容積収縮係数k_1及びk_2を用いることによりLNGの密度Dをより正確に推定する方法を提案した[81]。改訂クロセク・マッキンリー法と名付けられたこの方法は米国の国立標準局（NBS：National Bureau of Standard）から1977年に発行されたNBSIR 77-867に収録されており、窒素を含むメタン分率80%以上かつブタン分率５%未満のLNGの密度計算に適用可能とされている[82]。同局から1980年に発行されたNBS Technical Note 1030[83]では対象が60%以上のメタン、それぞれ４%未満の窒素、イソブタン及びノルマルブタンならびに２%未満のペンタンを含むLNGに変更され、容積収縮係数k_1及びk_2の値も更新されている。NBS Technical Note 1030は1983年に発行されたNBS Monograph 172[84]にも含まれている。ISO 6578:2017に示されている各成分の飽和液容積V_iならびに容積収縮係数k_1及びk_2の出典はNBS Technical Note 1030である。

表５－５、表５－６及び表５－７に示す値はNBS Technical Note 1030に示されているデータ[85]から１℃毎の液温度に対する飽和液容積V_iならびに容積収縮係数k_1及びk_2を計算したものである。飽和液容積V_iは液温度により定まり、容積収縮係数k_1及びk_2はLNGの液温度T_Lと分子量Σ（$x_i \times M_i$）により定まる。

式５－８に示すように、改訂クロセク・マッキンリー法では容積収縮量ΔVが容積収縮係数k_1及びk_2ならびにメタンと窒素のモル分率x_m及びx_nからLNGの液密度が計算される。計算に際しては補間により求めた飽和液容積V_iと容積収縮係数k_1及びk_2の桁数を出典となる表に示されている値と同じ桁数に丸めることが多い。

81 HAYES, W. M., HIZA, M. J., McCARTY, R. D., Density of liquid of LNG for custody transfer, *Proceeding of 5th International Conference on LNG*, 1977

82 McCARTY, R. D., A comparison of mathematical models for the prediction of LNG densities, *NBSIR 77-867*, 1977

83 McCARTY, R. D., Four mathematical models for the prediction of LNG densities, *NBS Technical Note 1030*, 1980

84 Liquefied natural gas densities: Summary of research program at the National Bureau of Standard, *NBS Monograph 172*, 1983

85 NBS Technical Note 1030 Table 8, 9, 10

表 5－5　飽和液容積

成分	−158 ℃	−159 ℃	−160 ℃	−161 ℃
CH_4	0. 038419	0. 038282	0. 038148	0. 038015
C_2H_6	0. 048112	0. 048027	0. 047942	0. 047858
C_3H_8	0. 062678	0. 062587	0. 062496	0. 062406
i-C_4H_{10}	0. 078554	0. 078453	0. 078352	0. 078251
n-C_4H_{10}	0. 077068	0. 076971	0. 076875	0. 076779
i-C_5H_{12}	0. 091939	0. 091830	0. 091721	0. 091612
n-C_5H_{12}	0. 091794	0. 091689	0. 091583	0. 091478
N_2	0. 048487	0. 047718	0. 046997	0. 046323

（NBS Technical Note 1030を基に作成）

表 5－6　容積収縮係数 k_1

	−158 ℃	−159 ℃	−160 ℃	−161 ℃
17. 0 kg/kmol	0. 000221	0. 000214	0. 000206	0. 000198
18. 0 kg/kmol	0. 000442	0. 000429	0. 000417	0. 000404
19. 0 kg/kmol	0. 000612	0. 000597	0. 000581	0. 000566

（NBS Technical Note 1030を基に作成）

表 5－7　容積収縮係数 k_2

	−158 ℃	−159 ℃	−160 ℃	−161 ℃
17. 0 kg/kmol	0. 000414	0. 000388	0. 000365	0. 000346
18. 0 kg/kmol	0. 000725	0. 000694	0. 000665	0. 000639
19. 0 kg/kmol	0. 000957	0. 000912	0. 000872	0. 000835

（NBS Technical Note 1030を基に作成）

$$D=\frac{\Sigma(x_i\times M_i)}{\Sigma(x_i\times V_i)-\left\{k_1+\frac{(k_2-k_1)\times x_n}{0.0425}\right\}\times x_m} \qquad \text{（式 5－8）}$$

上式中、

D：液温度T_Lにおける液密度［kg/m³］

x_i：成分iのモル分率［mol%］

M_i：成分iの分子量［kg/kmol］

V_i：液温度T_Lにおける成分iの飽和液容積［m³/kmol］

k_1：改訂クロセク・マッキンリー法における容積収縮係数［m³/kmol］

k_2：改訂クロセク・マッキンリー法における容積収縮係数［m³/kmol］

x_m：メタンのモル分率［mol%］

x_n：窒素のモル分率［mol%］

【計算例 5－5】

計算例 4－4 の組成を有するLNGの液温度T_L -159.2 °Cにおける液密度Dを改訂クロセク・マッキンリー法により求める。

【解答】

（a） 計算例 4－4 で求めた各成分のモル分率x_iと表 5－8 に示されている各成分の分子量M_iからLNGの分子量Σ（$x_i \times M_i$）を求める。

表 5－8　分子量の計算例

成分	x_i	M_i	$x_i \times M_i$
CH_4	0.8723	16.04	13.991692
C_2H_6	0.0834	30.07	2.507838
C_3H_8	0.0335	44.10	1.477350
i-C_4H_{10}	0.0044	58.12	0.255728
n-C_4H_{10}	0.0057	58.12	0.331284
i-C_5H_{12}	0.0002	72.15	0.014430
n-C_5H_{12}	0.0000	72.15	0.000000
N_2	0.0005	28.01	0.014005
$\Sigma(x_i \times M_i)$			18.592327

上記より、

$$\Sigma(x_i \times M_i) = 18.592327 \text{ kg/kmol}$$

（b） 計算例 4－4 で求めた各成分のモル分率x_iと表 5－5 に示されている飽和液容積V_iから液温度T_L -159.2 °CにおけるLNGの飽和液容積Σ（$x_i \times V_i$）を求める。表 5－9 中のメタンの飽和液容積は以下により計算されている。

$$0.038282 - \frac{(0.038282 - 0.038148) \times ((-159.0) - (-159.2))}{((-159.0) - (-160.0))} = 0.038255$$

表 5－9　飽和液容積の計算例

	V_i, −159.0 ℃	V_i, −160.0 ℃	V_i, −159.2 ℃	x_i	x_i x V_i
CH_4	0.038282	0.038148	0.038255	0.8723	0.0333698365
C_2H_6	0.048027	0.047942	0.048010	0.0834	0.0040040340
C_3H_8	0.062587	0.062496	0.062569	0.0335	0.0020960615
i-C_4H_{10}	0.078453	0.078352	0.078433	0.0044	0.0003451052
n-C_4H_{10}	0.076971	0.076875	0.076952	0.0057	0.0004386264
i-C_5H_{12}	0.091830	0.091721	0.091808	0.0002	0.0000183616
n-C_5H_{12}	0.091689	0.091583	0.091668	0.0000	0.0000000000
N_2	0.047718	0.046997	0.047574	0.0005	0.0000237870
$\Sigma(x_i \times V_i)$					0.0402958122

上記より、

$$\Sigma(x_i \times v_i) = 0.0402958122\ \mathrm{m^3/kmol}$$

（c）（a）で計算したLNGの分子量Σ（$x_i \times M_i$）と液温度T_Lに対応する容積収縮係数k_1及びk_2を表 5－6 及び表 5－7 から求める。

表 5－10において、分子量18.0 kg/kmolのLNGの−159.2 ℃における容積収縮係数k_1は以下により求められている。

$$0.000429 - \frac{(0.000429 - 0.000417) \times ((-159.0) - (-159.2))}{((-159.0) - (-160.0))} = 0.0004266$$

また、分子量19.0 kg/kmolのLNGの－159.2 ℃における容積収縮係数k_{11}は以下により求められている。

$$0.000597 - \frac{(0.000597 - 0.000581) \times ((-159.0) - (-159.2))}{((-159.0) - (-160.0))} = 0.0005938$$

表 5－10　容積収縮係数 k_1 の計算例

	−159.0 ℃	−160.0 ℃	−159.2 ℃
18.0 kg/kmol	0.000429	0.000417	0.0004266
19.0 kg/kmol	0.000597	0.000581	0.0005938
18.592327 kg/kmol			0.000526

これらより、分子量18.592327 kg/kmolのLNGの－159.2 ℃における容積収縮係数k_1は、

$$0.0004266 + \frac{(0.0005938 - 0.0004266) \times (18.592327 - 18.0)}{(19.0 - 18.0)} = 0.000526$$

一方、

分子量18.0 kg/kmolのLNGの－159.2 ℃における容積収縮係数k_2は、

$$0.000694-\frac{(0.000694-0.000665)\times((-159.0)-(-159.2))}{((-159.0)-(160.0))}=0.0006882$$

分子量19.0 kg/kmolのLNGの－159.2 ℃における容積収縮係数k_2は、

$$0.000912-\frac{(0.000912-0.000872)\times((-159.0)-(-159.2))}{((-159.0)-(160.0))}=0.0009040$$

表 5－11　容積収縮係数 k_2 の計算例

	-159. 0 ℃	-160. 0 ℃	-159. 2 ℃
18. 0 kg/kmol	0. 000694	0. 000665	0. 0006882
19. 0 kg/kmol	0. 000912	0. 000872	0. 0009040
18. 592327 kg/kmol			0. 000816

したがって、分子量18.592327 kg/kmolのLNGの-159.2 ℃における容積収縮係数k_2は、

$$0.0006882+\frac{(0.0009040-0.0006882)\times(18.592327-18.0)}{(19.0-18.0)}=0.000816$$

上記より、$k_1=0.000526$、$k_2=0.000816$　となる。

（d）（a）、（b）及び（c）の結果を式 5－8 に代入し、－159.2 ℃における液密度Dを求める。

$$D=\frac{\Sigma(x_i\times M_i)}{\Sigma(x_i\times V_i)-\left\{k_1+\frac{(k_2-k_1)\times x_n}{0.0425}\right\}\times x_m}$$

$$=\frac{18.592327}{0.0402958122-\{0.000526+\frac{(0.000816-0.000526)\times 0.0005}{0.0425}\}\times 0.8723}$$

$$=466.75\text{kg/m}^3,\ -159.2\ ℃$$

5.2.3　液の単位質量当たり発熱量

式 5－9 に示すように、移送されたLNGの発熱量H_mはそのLNGに含まれる各成分の燃焼基準温度T_{Sc}における単位質量当たり発熱量H_{mi}の質量比を総和した値となる[86]。LNGの熱量計算における一般的な燃焼基準温度T_{Sc}は15 ℃であり、単位質量当たり発熱量H_mは小数点以下 4 桁のMJ/kg単位の数値として表されることが多い。計算に使用する各成分の単位質量当たり発熱量H_{mi}は出典により異なる。

86　ISO 6578:2017 9.2

$$H_m = \frac{\Sigma(x_i \times M_i \times H_{mi})}{\Sigma(x_i \times M_i)} \qquad （式 5 - 9 ）$$

上式中、

H_m：燃焼基準温度T_{Sc}における液の単位質量当たり発熱量［MJ/kg］

x_i：成分iのモル分率［mol%］

M_i：成分iの分子量［kg/kmol］

H_{mi}：燃焼基準温度T_{Sc}における成分iの単位質量当たり発熱量［MJ/kg］

【計算例 5 - 6 】

計算例 4 - 4 の組成を有するLNGの燃焼基準温度T_{Sc}15 ℃における単位質量当たり発熱量H_mを求める。各成分の単位質量当たり発熱量H_{mi}は表 5 -12に示されている値とする。

【解答】

表 5 -12　単位質量当たり発熱量の計算例

成分	x_i	M_i	$x_i \times M_i$	H_{mi}	$x_i \times M_i \times H_{mi}$
CH_4	0. 8723	16. 04	13. 991692	55. 57	777. 51832444
C_2H_6	0. 0834	30. 07	2. 507838	51. 95	130. 28218410
C_3H_8	0. 0335	44. 10	1. 477350	50. 37	74. 41411950
i-C_4H_{10}	0. 0044	58. 12	0. 255728	49. 39	12. 63040592
n-C_4H_{10}	0. 0057	58. 12	0. 331284	49. 55	16. 41512220
i-C_5H_{12}	0. 0002	72. 15	0. 014430	48. 95	0. 70634850
n-C_5H_{12}	0. 0000	72. 15	0. 000000	49. 07	0. 00000000
N_2	0. 0005	28. 01	0. 014005	0. 00	0. 00000000
Σ			18. 592327		1, 011. 96650466

上表により計算したΣ（$x_i \times M_i$）及びΣ（$x_i \times M_i \times H_{mi}$）を式 5 - 9 に代入する。

$$H_m = \frac{\Sigma(x_i \times M_i \times H_{mi})}{\Sigma(x_i \times M_i)}$$

$$= \frac{1{,}011.96650466}{18.592327}$$

$$= 54.4293 \text{ MJ/kg}$$

5.2.4　移送された液の熱量

燃焼基準温度T_{Sc}における移送された液の熱量Q_Lは上記で計算した移送された液容積Vと液密度Dと液の単位質量当たり発熱量H_mを乗じることによりメガジュール単位で求められる。移送された液の熱量Q_Lはリターンガスの熱量Q_Vと通算されるため、売買契約書において移送された液の熱量Q_Lの桁数が指定されることは少ない。

$$Q_L = V \times D \times H_m \qquad (式5-10)$$

上式中、

Q_L：燃焼基準温度T_{Sc}における移送された液の熱量［MJ］

V：液温度T_Lにおける移送された液容積［m^3］

D：液温度T_Lにおける液密度［kg/m^3］

H_m：燃焼基準温度T_{Sc}における液の単位質量当たり発熱量［MJ/kg］

【計算例5－7】

以下の値から移送された液の熱量Q_Lを求める。

- 移送された液容積V：141,332 m^3
- 燃焼基準温度T_{Sc}における液密度D：466.75 kg/ m^3
- 単位質量当たり発熱量H_m：54.4293 MJ/kg

【解答】

式5-10より、

$$\begin{aligned} Q_L &= V \times D \times H_m \\ &= 141{,}332 \times 466.75 \times 54.4293 \\ &= 3{,}590{,}521{,}903 \text{ MJ} \end{aligned}$$

5.2.5 リターンガスの熱量

リターンガスの熱量Q_Vは前尺時または後尺時の温度T_V及び圧力P_V下で計量されたガスの容積Vを計量基準温度T_{Sm}と計量基準圧力P_{Sm}における容積に換算した値に標準状態におけるリターンガスの単位容積当たり発熱量H_{VR}を乗じることにより求められる[87]。この計算を行う式5-11の右辺第二項では摂氏度で与えられるリターンガスの温度T_Vと計量基準温度T_{Sm}が熱力学温度に換算されている。

$$Q_V = V \times \frac{273.15 + T_{Sm}}{273.15 + T_V} \times \frac{P_V}{P_{Sm}} \times H_{VR} \qquad (式5-11)$$

上式中、

Q_V：燃焼基準温度T_{Sc}、計量基準温度T_{Sm}、計量基準圧力P_{Sm}におけるリターンガスの熱量　［MJ］

V：計量時の温度T_V及び圧力P_Vにおけるリターンガスの容積［m^3］

T_{Sm}：計量基準温度［℃］

T_V：リターンガスの温度［℃］

P_V：リターンガスの圧力［kPaA］

87　ISO 6578:2017 5.2

P_{Sm}：計量基準圧力［kPaA］

H_{VR}：燃焼基準温度T_{Sc}、計量基準温度T_{Sm}、計量基準圧力P_{Sm}におけるリターンガスの単位容積当たり発熱量［MJ/m^3］

タンク内にあるLNGの組成にかかわらず、リターンガスはメタンとごく少量の窒素で占められていると推定される。多くのLNGの売買契約書はこの推定に基づいて計量基準温度T_{Sm}、計量基準圧力P_{Sm}、燃焼基準温度T_{Sc}におけるリターンガスの発熱量H_{VR}を同状態におけるメタンの単位容積当たり発熱量H_{vC1}としている。ISO規格にも同様の規定が見られる[88]。

リターンガスの熱量Q_Vの計算に使用されるメタンの単位容積当たり発熱量H_{vC1}の値は売買契約書が参照する規格により異なる。売買契約書には規格に示されている値がそのまま引用される場合と小数点以下１桁に丸めて$37.7MJ/m^3$とされる場合がある。

リターンガスの熱量Q_Vは移送された液の熱量Q_Lと通算されるため、売買契約書においてその桁数が指定されることは稀である。

【計算例５－８】

以下の値からリターンガスの熱量Q_Vを求める。

- 移送された液容積V：141,332 m^3
- リターンガスの温度T_V：−136.2 ℃
- リターンガスの圧力P_V：112.5 kPa
- リターンガスの単位容積当たり発熱量H_{vC1}：37.7 MJ/m^3
- 計量基準温度：15 ℃
- 計量基準圧力：101.325 kPa

【解答】

式５−11に上記の値を代入する。リターンガスの容積Vは移送された液容積Vに等しい。

$$Q_V = V \times \frac{273.15 + T_{Sm}}{273.15 + T_V} \times \frac{P_V}{P_{Sm}} \times H_{VR}$$

$$= 141{,}332 \times \frac{273.15 + 15}{273.15 + (-136.2)} \times \frac{112.5}{101.325} \times 37.7$$

$$= 12{,}447{,}277 \text{ MJ}$$

5.2.6　換算係数

ISOが発行する規格は国際単位系（SI）に準拠して熱量の単位にジュールを用いている。天然ガスに含まれる炭化水素の物性定数を取りまとめたGPA 2145も1977年以降の版には

88　ISO 10967:2015 D.5

国際単位系に基づく値を併記している。一般的な売買契約書はこれらの規格に記載されている物性値等を参照することとしている。

前項までの計算例もメガジュールを熱量の単位としてきたが、LNGの取引ではメガジュール単位により計算されたLNGの熱量を百万BTU単位に換算することが必要となる。

一般的な売買契約書にはメガジュールから百万BTUへの換算係数Cとして1/1055.12という値が示されているが、この値は式5-12に示すようにメガジュールから百万BTUへの単位換算係数1/1055.06と燃焼基準温度T_{Sc}を15 °Cから60 °Fへの換算するための係数1/1.00006を組み合わせたものである[89]。

$$C = \frac{1}{1{,}055.056} \times \frac{1}{1.00006} = \frac{1}{1{,}055.12} \qquad \text{（式5-12）}$$

我が国の計量法はジュール以外の熱量単位を取引に用いることを認めていないが、輸出入に係る取引の場合は他の単位を使用することが許容されている。

5.2.7 引き渡された熱量

売主から買主に引き渡された熱量Qは移送された液の熱量Q_Lからリターンガスの熱量Q_Vを差し引いた値を百万BTU単位に換算した値となる。式5-13では右辺の括弧内で計算されるメガジュール単位の熱量（燃焼基準温度T_{Sc}は15 °C）に式5-12の換算係数を乗じることにより百万BTU単位の熱量（燃焼基準温度T_{Sc}は60 °F）が求められている。リターンガスの単位容積当たり発熱量H_{VR}の計算には計量基準温度T_{Sm} 15 °C、計量基準圧力P_{sm} 101.325 kPaA、燃焼基準温度T_{Sc} 15 °Cにおけるメタンの単位容積当たり発熱量H_{vC1} 37.7 MJ/m³が適用されている。契約によっては結果が10MMBTU単位に丸められる場合もある。

$$Q = \frac{1}{1{,}055.12} \times \left(V \times D \times H_m - V \times \frac{273.15 + 15}{273.15 + T_V} \times \frac{P_V}{101.325} \times 37.7 \right) \qquad \text{（式5-13）}$$

上式中、

Q：引き渡された熱量[MMBTU]

V：移送された液容積またはリターンガスの容積［m³］

D：液密度［kg/m³］

H_m：液の単位質量当たり発熱量［MJ/kg］

T_V：リターンガスの温度［°C］

P_V：リターンガスの圧力［kPaA］

89 ISO 10976:2015 D.6

【計算例５－９】

以下の値から引き渡された熱量Qを10 MMBTU単位で求める。引き渡された熱量Qの燃焼基準温度T_{Sc}は60 °Fとする。

- 移送された液の熱量Q_L：3,590,521,903 MJ
- リターンガスの熱量Q_V：12,447,277 MJ

【解答】

式５－13より、

$$Q=C\times\left(V\times D\times H_m-V\times\frac{273.15+T_{Sm}}{273.15+T_V}\times\frac{P_V}{P_{Sm}}\times Hv\right)$$

$$=\frac{1}{1{,}055.12}\times(3{,}590{,}521{,}903-12{,}447{,}277)$$

$$=3{,}391{,}154\ \text{MMBTU}$$

$$\fallingdotseq 3{,}391{,}150\ \text{MMBTU}$$

引き渡された熱量Qはキロワット時を単位とする電力量で示されることもある。１キロワット時は3.6メガジュールに等しい。メガジュール単位で表された熱量とキロワット時単位で表された熱量の間の換算係数を3.6とした場合、換算前後の燃焼基準温度T_{Sc}は変化しない。

【計算例５－10】

以下の値から引き渡された熱量Qをキロワット時単位で求める。換算前後の燃焼基準温度T_{Sc}は15 °Cとする。

- 移送された液の熱量Q_L：3,590,521,903 MJ
- リターンガスの熱量Q_V：12,447,277 MJ

【解答】

$$Q=\frac{1}{3.6}\times(Q_L-Q_V)$$

$$=\frac{1}{3.6}\times(3{,}590{,}521{,}903-12{,}447{,}277)$$

$$=993{,}909{,}618\ \text{kWh}$$

5.2.8　船上計量及び分析の結果が引き渡された熱量に及ぼす影響

引き渡された熱量Qの計算例に使用したデータを変化させて計算した結果を表５－13に示す。引き渡された熱量の変化量ΔQは計算結果の四捨五入前の値3,391,154 MMBTUとの差である。

表 5 -13　引き渡された熱量の変化量

	変更前の値	変更後の値	変更後の熱量 Q [MMBTU]	変化量 ΔQ [MMBTU]
液容積 V	141, 332 m^3	141, 333 m^3	3, 391, 178	+24
液温度 T_L	−159. 2 °C	−159. 1 °C	3, 390, 061	−1, 093
リターンガス温度 T_V	−136. 2 °C	−136. 1 °C	3, 391, 163	+ 9
リターンガス圧力 P_V	112. 5 kPaA	112. 6 kPaA	3, 391, 144	−10
メタンのモル分率 x_m	87. 23 mol%	87. 24 mol%	3, 391, 381	+227
窒素のモル分率 x_n	0. 05 mol%	0. 04 mol%		
メタンの分子量 M_{C1}	16. 040 kg/kmol	16. 041 kg/kmol	3, 391, 300	+146
メタンの発熱量 H_{mC1}	55. 57 MJ/kg	55. 58 MJ/kg	3, 391, 623	+469

表 5 -13より以下のことが分かる。

（1） メンブレン型タンクで液位計測時におけるLNGの表面積が1,000平方メートルの場合に 1 ミリメートルの液位差から生じる液容積の変化量ΔQは 1 立方メートルであり、これに相当する熱量の変化量ΔQは0.001%程度である。レベル計の許容器差±7.5ミリメートルから生じる変化量ΔQは0.01%以下となる。

（2） 液温度T_Lが0.1 °C変化することにより0.03%以上の変化量ΔQが生じる。ISO 8310:2012は液温度T_Lが0.2 °C変化することにより生じる液密度Dの変化量を約0.07%としている[90]。

（3） リターンガスの温度T_Vが0.1 °C変化することから生じる熱量の変化量ΔQは0.0003%程度である。圧力P_vが0.1 °C変化することにより生じる変化量ΔQも同程度である。それぞれの変化が引き渡された熱量Qに与える影響は10百万BTU単位の変化にとどまる。

（4） サンプルガスの分析結果の正規化に際して熱量を有さない0.01 mol %の成分がメタン分率に組み入れられた場合は0.007%程度の変化量ΔQが生じる。

（5） 引き渡された熱量Qは熱量計算に使用する各成分の物性定数によっても変化する。メタンの分子量M_{C1}を16.040 kg/kmolとして計算する場合と16.041 kg/kmolとする場合では引き渡された熱量Qに0.004%程度の差が生じる。メタンの単位質量当たり発熱量H_{mC1}が0.01 MJ/kg増加すると引き渡された熱量Qは0.01%以上増加する。飽和液容積V_iや容積収縮係数k_1及びk_2の差異も引き渡された熱量Qの計算結果に影響を及ぼす。

5.3　引き渡されたLNGの質量

我が国では輸入した石油類の質量を税関に申告することが義務付けられており、LNGもその対象となる。

90　ISO 8310:2012 Introduction

陸揚げされた港を所轄する税関への申告を目的として算出するLNGの質量は下式に示すように、売主から買主に引き渡された熱量Qをメガジュール単位に換算した上で、式5－9により求めた液の単位質量当たり発熱量H_mで除することにより計算することができる。

税関に申告する質量Wは引き渡された熱量Qとして最終的に決定された値を四捨五入により小数点以下3桁に丸めたトン単位の値とされている。

$$W = \frac{Q \times 1{,}055.12}{H_m} \times \frac{1}{1{,}000} \qquad \text{（式5－14）}$$

上式中、

W：引き渡されたLNGの質量［t］

Q：引き渡された熱量［MMBTU］

H_m：燃焼基準温度T_{Sc}における液の単位質量当たり発熱量［MJ/kg］

【計算例5－11】

以下の値から引き渡されたLNGの質量Wを求める。

- 引き渡された熱量Q：3,391,150 MMBTU
- 移送されたLNGの単位質量当たり発熱量H_m：54.4293 MJ/kg

【解答】

式5－14より、

$$W = \frac{3{,}391{,}150 \times 1{,}055.12}{54.4293} \times \frac{1}{1{,}000}$$

$$= 65{,}737.942 \text{ t}$$

5.4 荷役中に船内で消費されたガスの熱量

停泊しているLNG船では貨物タンク内にあるボイルオフガスや陸上からのリターンガスを発電等のための燃料として使用することにより大気中への硫黄分排出が防止できる。しかしながら、積地で受け渡し数量が決定される契約において積荷中にこれらのガスが買主により手配されたLNG船の船内で消費される場合は売主が引き渡したLNGから生じたガスの一部が有する熱量Q_Cが引き渡された熱量Qに算入されないことになる。逆に、揚地で受け渡し数量が決定される契約では売主が手配したLNG船において消費されたボイルオフガスやリターンガスの熱量Q_Cが引き渡された熱量Qに含まれてしまう。

積地または揚地において実施される前尺と後尺の間にLNG船の船内で消費されたガスの熱量Q_Cは式5－15により引き渡された熱量Qに勘案することができる[91]。この式においては、積荷中に船内で消費された熱量Q_Cは引き渡された熱量Qに加えられ、揚荷中に船内

91 ISO 19970:2017 Annex B

で消費された熱量Q_Cは引き渡された熱量Qから差し引かれる。

$$Q=C\times(Q_L-Q_V\pm Q_C) \qquad \text{（式 5 -15）}$$

上式中、

Q：引き渡された熱量［MMBTU］

C：単位換算係数［MMBTU/MJ］

Q_L：移送された液の熱量［MJ］

Q_V：リターンガスの熱量［MJ］

Q_C：停泊中に船内で消費されたガスの熱量［MJ］

荷役中のLNG船の船内で消費されたガスの量は貨物タンクから機関室に至るガス用配管の途上に設置されたガス流量計により計量される。ガス流量計の前尺時における指示値と後尺時における指示値の差が荷役中に船内で消費されたガスの容積V_Cまたは質量M_Cとなる。ISO 19970:2017はガス流量計本体の精度を測定値の± 2 %以内と定めている[92]。

停泊中に船内で消費されたガスをメタンと見做す場合、その熱量Q_Cは以下のいずれかの式により求められる[93]。式 5 -16におけるガスの容積V_Cの計量基準温度T_{Sm}と計量基準圧力P_{Sm}は計算に使用するメタンの単位容積当たり発熱量H_{vC1}のそれらと一致していなければならない。

$$\text{ガスの容積}V_C\text{を測定した場合：}Q_C=V_C\times H_{vC1} \qquad \text{（式 5 -16）}$$

$$\text{ガスの質量}M_C\text{を測定した場合：}Q_C=M_C\times H_{mC1} \qquad \text{（式 5 -17）}$$

上式中、

Q_C：停泊中に船内で消費されたガスの熱量［MJ］

V_C：停泊中に船内で消費されたガスの容積［m^3］

M_C：停泊中に船内で消費されたガスの質量［kg］

H_{vC1}：メタンの単位容積当たり発熱量［MJ/m^3］

H_{mC1}：メタンの単位質量当たり発熱量［MJ/kg］

【計算例 5 -12】

荷役中に船内で消費されたガス23,000立方メートルの熱量Q_Cを求める。消費されたガスはメタンと見做し、その温度及び圧力を-121.0 ℃、102.3キロパスカルとする。計量基準状態T_{Sm} 15.0 ℃及びP_{Sm} 101.325キロパスカルにおけるメタンの単位容積当たり発熱量H_{vC1}は37.7 MJ/m^3とする。

92　ISO 19970:2017 7.5

93　ISO 19970:2017 7.3

【解答】

荷役中に船内で消費されたガスを標準状態における容積に換算した値V_Cにメタンの単位容積当たり発熱量H_{vC1}を乗じる。

$$Q_C = V_C \times H_{vC1}$$
$$= 23{,}000 \times \frac{273.15+15}{273.15+(-121.0)} \times \frac{102.3}{101.325} \times 37.7$$
$$= 43{,}978 \times 37.7$$
$$= 1{,}657{,}963\ \mathrm{MJ}$$

【計算例 5-13】

荷役中に船内で消費されたガス29,825キログラムの熱量Q_Cを求める。消費されたガスはメタンと見做し、その単位質量当たり発熱量H_{mC1}は55.59 MJ/kgとする。

【解答】

式 5-17に消費されたガスの質量M_C及びメタンの単位質量当たり発熱量H_{mC1}を代入する。

$$Q_C = M_C \times H_{mC1}$$
$$= 29{,}825 \times 55.59$$
$$= 1{,}657{,}972\ \mathrm{MJ}$$

5.5　気化したLNGの単位容積当たり発熱量

LNGの取引に際しては引き渡された熱量Qの算出とともにMJ/m^{3}やBTU/SCF等の単位で示される気化したLNGの単位容積当たり発熱量が計算されることがある。気化したLNGの単位容積当たり発熱量の値は対象とする気体を理想気体と考えるか実在気体と考えるかにより異なる。気化したLNGの単位容積当たり発熱量は引き渡された熱量Qの計算に影響を及ぼさない。

5.5.1　理想気体の単位容積当たり発熱量

気化したLNG（理想気体）の単位容積当たり発熱量H_Vは各成分のモル分率x_iにそれぞれの成分の単位容積当たり発熱量H_{vi}を乗じた値の総和として計算される[94]。

$$H_V = \Sigma(x_i \times H_{vi}) \qquad \text{（式 5-18）}$$

上式中、

H_V ：気化したLNG（理想気体）の単位容積当たり発熱量［MJ/m^{3}等］

x_i ：成分iのモル分率［mol%］

H_{vi} ：計量基準温度T_{Sm}、計量基準圧力P_{sm}、燃焼基準温度T_{Sc}における成分iの単位容積当たり発熱量［MJ/m^{3}等］

94　ISO 6976:1995 7.1

表 5 -14　単位容積当たり発熱量

	ISO 6578:2017	GPA 2145-16	JIS K2301-1992
単位	MJ/m^3	BTU/SCF	$kcal/m^3$
燃焼基準温度 T_{Sc}	15 ℃	60 °F	0 ℃
計量基準温度 T_{Sm}	15 ℃	60 °F	0 ℃
計量基準圧力 Ps_m	101. 325 kPa	14. 696 psi	101. 32 kPa

気化したLNGに含まれる各成分の単位容積当たり発熱量H_{vi}はさまざまな規格に記載されている。式 5 -18により計算される気化したLNG（理想気体）の単位は成分iの単位容積当たり発熱量H_{vi}の単位にしたがう。表 5 -14はISO 6578:2017[95]、GPA 2145-16[96]及びJIS K2301-1992[97]で使用されている発熱量H_{vi}の単位ならびに燃焼基準温度T_{Sc}、計量基準温度T_{Sm}及び計量基準圧力Ps_mである。

【計算例 5 -14】

表 5 -15に示す各成分の単位容積当たり発熱量H_{vi}を用いて計算例 4 - 4 の組成を有する気化したLNGの単位容積当たり発熱量H_VをMJ/m^3単位で求める。気化したLNGは理想気体と考える。

【解答】

表 5 -15より、

表 5 -15　理想気体の単位容積当たり発熱量[MJ/m^3]の計算例

成分	x_i	H_{Vi}	$x_i \times H_{Vi}$
CH_4	0. 8723	37. 70	32. 885710
C_2H_6	0. 0834	66. 07	5. 510238
C_3H_8	0. 0335	93. 94	3. 146990
$i\text{-}C_4H_{10}$	0. 0044	121. 40	0. 534160
$n\text{-}C_4H_{10}$	0. 0057	121. 79	0. 694203
$i\text{-}C_5H_{12}$	0. 0002	149. 36	0. 029872
$n\text{-}C_5H_{12}$	0. 0000	149. 66	0. 0000
$\Sigma(x_i \times H_{Vi})$			42. 801173

$$
\begin{aligned}
H_V &= \Sigma(x_i \times H_{vi}) \\
&= 42.80\ MJ/m^3
\end{aligned}
$$

95　ISO 6578:2017 Annex D

96　GPA 2145-16（FPS）

97　JIS K2301-1992 7.3.3

【計算例5-15】

表5-16に示す各成分の単位容積当たり発熱量H_{vi}を用いて計算例4-4の組成を有する気化したLNGの単位容積当たり発熱量H_VをBTU/SCF単位で計算する。気化したLNGは理想気体と考える。

表5-16　単位容積当たり発熱量[BTU/SCF]の計算例

成分	x_i	H_{Vi}	$x_i \times H_{Vi}$
CH_4	0.8723	1,010	881.0230
C_2H_6	0.0834	1,770	147.6180
C_3H_8	0.0335	2,516	84.2860
$i\text{-}C_4H_{10}$	0.0044	3,252	14.3088
$n\text{-}C_4H_{10}$	0.0057	3,262	18.5934
$i\text{-}C_5H_{12}$	0.0002	4,001	0.8002
$n\text{-}C_5H_{12}$	0.0000	4,009	0.0000
$\Sigma(x_i \times H_{Vi})$			1,146.6294

【解答】

表5-16より、

$$H_V = \Sigma(x_i \times H_{vi})$$
$$= 1{,}147\ \text{BTU/SCF}$$

気化したLNGを理想気体と考える場合の単位容積当たり発熱量H_Vは各成分の単位質量当たり発熱量H_{mi}から計算することもできる。売買契約書にBTU/SCF単位で表される気化したLNGの単位容積当たり発熱量H_Vを求める式5-19のような計算式が示されている場合もある。

$$H_V = \frac{\Sigma(x_i \times M_i \times H_{mi}) \times 10^6}{1{,}055.12 \times 2.20462 \times 379.482} \qquad (\text{式}5\text{-}19)$$
$$= \Sigma(x_i \times M_i \times H_{mi}) \times 1.13285$$

上式中、

H_V：気化したLNGの単位容積当たり発熱量［BTU/SCF］

x_i：成分iのモル分率［mol%］

M_i：成分iの分子量［kg/kmol］

H_{mi}：燃焼基準温度T_{Sc} 15 °Cにおける成分iの単位質量当たり発熱量［MJ/kg］

上式により算出される値は60 °F、14.696 psiにおける容積が1立方フィートである気化したLNGを60 °Fの空気中で燃焼させたときに生じるBTU単位の発熱量H_Vである。式中で使用されている1,055.12は15 °Cから60 °Fへ燃焼基準温度H_{mi}を変更するとともに熱量の単位をMMBTUからメガジュールへ換算するための係数、2.20462はポンドからキログラムへの単位換算係数、379.482は60 °F、14.696 psiにおいて1ポンドモルの気体が占める立方フィート単位の容積である。14.696 psiは101.325キロパスカルに等しい。

【計算例 5 -16】

式 5 -19により計算例 4 - 4 の組成を有する気化したLNGの単位容積当たり発熱量をBTU/SCF単位で計算する。

【解答】

式 5 -19の$\Sigma(x_i \times M_i \times H_{mi})$に計算例 5 - 6 の計算途上で得られた1,011.96650466を代入する。

$$H_V = \frac{\Sigma(x_i \times M_i \times H_{mi}) \times 10^6}{1{,}055.12 \times 2.20462 \times 379.482}$$

$$= 1{,}011.96650466 \times 1.13285$$

$$= 1{,}146 \text{ BTU/SCF}$$

5.5.2 実在気体の単位容積当たり発熱量

式 5 -20に示すように、気化したLNG（実在気体）の単位容積当たり発熱量H'_Vをは理想気体と見做して計算した単位容積当たり発熱量H_Vをその気体の圧縮係数Zで除すことにより求めることができる[98]。気化したLNGの圧縮係数ZはISO 6578:2017等の規格に示されている各成分の加算係数$\sqrt{b_i}$から式 5 -21により求めることができる[99]。

$$H'_V = \frac{H_V}{Z} \qquad \text{（式 5 -20）}$$

上式中、

H'_V：気化したLNG（実在気体）の単位容積当たり発熱量［MJ/m^3］

H_V：気化したLNG（理想気体）の単位容積当たり発熱量［MJ/m^3］

Z：気化したLNGの圧縮係数

$$z = 1 - (\Sigma(x_i \times \sqrt{b_i}))^2 \qquad \text{（式 5 -21）}$$

上式中、

Z：気化したLNGの圧縮係数

x_i：成分iのモル分率［mol%］

$\sqrt{b_i}$：成分iの加算係数

気化したLNG（実在気体）単位容積当たり発熱量H'_VをBTU/SCF単位で求める場合は

98　ISO 6976:1995 7.2

99　ISO 6976:1995 4.2

計量基準温度T_{Sm}を60 °F、計量基準圧力P_{sm}を14.696 psiとする圧縮係数Zを使用することになる。

【計算例５-17】

表５-17に示す各成分の単位容積当たり加算係数$\sqrt{b_i}$を用いて計算例４-４の組成を有する気化したLNGの単位容積当たり発熱量H'_VをMJ/m³単位で求める。気化したLNGは実在気体とする。気化したLNG（理想気体）の単位容積当たり発熱量H_Vは42.80 MJ/m³とする。

表５-17　実在気体の単位容積当たり発熱量[MJ/m³]の計算例

成分	x_i	$\sqrt{b_i}$	$xi\times\sqrt{b_i}$
CH_4	0.8723	0.045	0.0392535
C_2H_6	0.0834	0.092	0.0076728
C_3H_8	0.0335	0.134	0.0044890
i-C_4H_{10}	0.0044	0.172	0.0007568
n-C_4H_{10}	0.0057	0.184	0.0010488
i-C_5H_{12}	0.0002	0.225	0.0000450
n-C_5H_{12}	0.0000	0.236	0.0000000
N_2	0.0005	0.017	0.0000085
$\Sigma(x_i\times\sqrt{b_i})$			0.0532744
$z=1-(\Sigma(x_i\times\sqrt{b_i}))^2$			0.9972

【解答】

表５-17より求めた圧縮係数Zを式５-20に代入する。

$$H'_V=\frac{\Sigma(x_i\times H_{vi})}{z}$$

$$=\frac{\Sigma(x_i\times H_{vi})}{1-(\Sigma(x_i\times\sqrt{b_i}))^2}$$

$$=\frac{42.80}{0.9972}$$

$$=42.92\ \mathrm{MJ/m^3}$$

5.6　ウォッベ指数

ウォッベ指数は燃焼器具のノズルにおける燃料ガスの燃焼性を示す指数である。

ウォッベ指数は対象とする気体を理想気体と考えるか実在気体と考えるかにより計算方法が異なる。ウォッベ指数の単位は計算に使用する気化したLNGの単位容積当たりの発熱量H_VまたはH'_Vの単位にしたがう。

5.6.1　理想気体のウォッベ指数

理想気体と考える気化したLNGのウォッベ指数WIはその気体の単位容積当たりの発熱量H_Vをその気体の比重の平方根で除した値として算出される[100]。理想気体の比重はその気体の分子量Σ（$x_i \times M_i$）を空気の分子量で除した値である。式５-22では単位容積当たり発熱量H_Vの単位をメガジュールとしている。

$$WI = \frac{H_V}{\sqrt{\dfrac{\Sigma(x_i \times M_i)}{28.963}}} \qquad \text{(式 5-22)}$$

上式中、

WI：気化したLNG（理想気体）のウォッベ指数［MJ/m^3］

H_V：気化したLNG（理想気体）の単位容積当たり発熱量［MJ/m^3］

x_i：成分iのモル分率［mol%］

M_i：成分iの分子量［kg/kmol］

28.963：空気の分子量［kg/kmol］

【計算例５-18】

単位容積当たり発熱量H_Vが42.80 MJ/m^{3}の気化したLNGのウォッベ指数（WI）を計算する。気化したLNGは理想気体と考え、その分子量Σ（$x_i \times M_i$）は18.592 kg/kmolとする。

【解答】

式５-22に気化したLNG（理想気体）の単位容積当たり発熱量H_V及びLNGの分子量Σ（$x_i \times M_i$）を代入する。

$$WI = \frac{H_V}{\sqrt{\dfrac{\Sigma(x_i \times M_i)}{28.963}}} = \frac{42.80}{\sqrt{\dfrac{18.592}{28.963}}} = 53.42 \text{ MJ/m}^3$$

5.6.2　実在気体のウォッベ指数

気化したLNGを実在気体と考える場合は計算に実在気体の単位容積当たり発熱量$H_{V'}$を使用する。気化したLNGの比重の計算にはその気体の圧縮係数と空気の圧縮係数を考慮する[101]。式５-23では単位容積当たり発熱量H_Vの単位をメガジュールとしている。

100　ISO 6976:1995 8.1

101　ISO 6976:1995 8.2

$$WI' = \frac{H'_V}{\sqrt{\dfrac{\Sigma(x_i \times M_i)}{28.963} \times \dfrac{0.9996}{Z}}} \qquad （式 5 -23）$$

上式中、

WI'：気化したLNG（実在気体）のウォッベ指数［MJ/m^3］

H'_V：気化したLNG（実在気体）の単位容積当たり発熱量［MJ/m^3］

x_i：成分iのモル分率［mol%］

M_i：成分iの分子量［kg/kmol］

28.963：空気の分子量［kg/kmol］

0.9996：15 ℃における空気の圧縮係数

Z：気化したLNGの圧縮係数

【計算例 5 -19】

単位容積当たり発熱量H'_Vが42.92 MJ/m^3の気化したLNGのウォッベ指数WI'を計算する。気化したLNGは実在気体と考え、その分子量Σ（$x_i \times M_i$）は18.592 kg/kmol、圧縮係数Zは0.9972とする。

【解答】

式 5 -23に気化したLNG（実在気体）の単位容積当たり発熱量H'_V及びLNGの分子量Σ（$x_i \times M_i$）ならびにLNGの圧縮係数Zを代入する。

$$WI' = \frac{H'_V}{\sqrt{\dfrac{\Sigma(x_i \times M_i)}{28.963} \times \dfrac{0.9996}{Z}}}$$

$$= \frac{42.92}{\sqrt{\dfrac{18.592}{28.963} \times \dfrac{0.9996}{0.9972}}}$$

$$= 53.51 \text{ MJ/m}^3$$

参考資料

関連規格

＊：廃版

【船上計量】

ISO 10976:2015	Refrigerated light hydrocarbon fluids -- Measurement of cargoes on board LNG carriers
ISO 19970:2017	Refrigerated hydrocarbon and non-petroleum based liquefied gaseous fuels -- Metering of gas as fuel on LNG carriers during cargo transfer operations
API MPMS 3.5	Standard practice for level measurement light hydrocarbon liquids onboard marine vessels by automatic tank gauging
API MPMS 17.10.1	Measurement of cargoes onboard marine gas carriers — Part 1 Liquefied natural gas
ISO 10976:2012*	Refrigerated light hydrocarbon fluids - Measurement of cargoes on board LNG carriers
ISO 13398:1997*	Refrigerated light hydrocarbon fluids -- Liquefied natural gas -- Procedure for custody transfer on board ship

【タンク計測】

ISO 8311:2013	Refrigerated hydrocarbon and non-petroleum based liquefied gaseous fuels -- Calibration of membrane tanks and independent prismatic tanks in ships -- Manual and internal electro-optical distance-ranging methods
ISO 8311:1989*	Refrigerated light hydrocarbon fluids -- Calibration of membrane tanks and independent prismatic tanks in ships -- Physical measurement
ISO 9091-1:1991*	Refrigerated light-hydrocarbon fluids -- Calibration of spherical tanks in ships -- Part 1: Stereo-photogrammetry
ISO 9091-2:1992*	Refrigerated light hydrocarbon fluids -- Calibration of spherical tanks in ships -- Part 2: Triangulation measurement
API MPMS 2.8A	Calibration of tanks on ships and oceangoing berges
API MPMS 2.8B	Recommended practice for the establishment of the location of the reference gauge point and the gauge height of tanks on marine tank vessels

【船上計量機器】

ISO 18132-1:2011	Refrigerated hydrocarbon and non-petroleum based liquefied gaseous fuels --

	General requirements for automatic tank gauges -- Part 1: Automatic tank gauges for liquefied natural gas on board marine carriers and floating storage
ISO 18132-2:2008	Refrigerated light hydrocarbon fluids -- General requirements for automatic level gauges -- Part 2: Gauges in refrigerated-type shore tanks
ISO 8310:2012	Refrigerated hydrocarbon and non-petroleum based liquefied gaseous fuels -- General requirements for automatic tank thermometers on board marine carriers and floating storage
ISO/19636:2019	Ships and marine technology -- General requirements for inclinometers used for determination of trim and list of LNG carriers
IEC 60751 Ed. 2.0	Industrial platinum resistance thermometers and platinum temperature sensors
API MPMS 7.5	Temperature determination — Automatic tank temperature measurement onboard marine vessels carrying refrigerated hydrocarbon and chemical gas fluids.
ISO 8309:1991*	Refrigerated light hydrocarbon fluids -- Measurement of liquid levels in tanks containing liquefied gases -- Electrical capacitance gauges
ISO 8310:1991*	Refrigerated light hydrocarbon fluids -- Measurement of temperature in tanks containing liquefied gases -- Resistance thermometers and thermocouples
ISO 10574:1993*	Refrigerated light-hydrocarbon fluids -- Measurement of liquid levels in tanks containing liquefied gases -- Float-type level gauges
ISO 13689:2001*	Refrigerated light hydrocarbon fluids -- Measurement of liquid levels in tanks containing liquefied gases -- Microwave-type level gauge
ISO 18132-1:2006*	Refrigerated light hydrocarbon fluids --General requirements for automatic level gauges -- Part 1: Gauges onboard ships carrying liquefied gases

【サンプリング】

ISO 8943:2007	Refrigerated light hydrocarbon fluids -- Sampling of liquefied natural gas -- Continuous and intermittent methods
ISO 10715:1997	Natural gas -- Sampling guidelines
ISO 8943:1991*	Refrigerated light hydrocarbon fluids -- Sampling of liquefied natural gas -- Continuous method

【分析（主成分)】

ISO 6142-1:2015	Gas analysis --Preparation of calibration gas mixtures -- Part 1: Gravimetric method for Class I mixtures
ISO 6974-1:2012	Natural gas --Determination of composition and associated uncertainty by gas chromatography -- Part 1: General guidelines and calculation of composition

ISO 6974-2:2012	Natural gas --Determination of composition and associated uncertainty by gas chromatography -- Part 2: Uncertainty calculations
ISO 6974-3:2000	Natural gas --Determination of composition with defined uncertainty by gas chromatography --Part 3: Determination of hydrogen, helium, oxygen, nitrogen, carbon dioxide and hydrocarbons up to C8 using two packed columns
ISO 6974-4:2000	Natural gas --Determination of composition with defined uncertainty by gas chromatography --Part 4: Determination of nitrogen, carbon dioxide and C1 to C5 and C6+hydrocarbons for a laboratory and on-line measuring system using two columns
ISO 6974-5:2014	Natural gas --Determination of composition and associated uncertainty by gas chromatography -- Part 5: Isothermal method for nitrogen, carbon dioxide, C1 to C5hydrocarbons and C6+ hydrocarbons
ISO 6974-6:2002	Natural gas --Determination of composition with defined uncertainty by gas chromatography --Part 6: Determination of hydrogen, helium, oxygen, nitrogen, carbon dioxide and C1 to C8 hydrocarbons using three capillary columns
ISO 6975:1997	Natural gas --Extended analysis -- Gas-chromatographic method
GPA 2177-13	Analysis of natural gas liquid mixtures containing nitrogen and carbon dioxide by gas chromatography
GPA 2186-14	Method for extended analysis of natural gas liquid mixtures containing nitrogen and carbon dioxide by temperature programmed gas chromatography
GPA 2198-16	Selection, preparation, validation, care and storage of natural gas and natural gas liquids reference standard blends
GPA 2261-13	Analysis for natural gas and similar gaseous mixtures by gas chromatography
GPA 2286-14	Method for extended analysis of natural gas and similar gaseous mixtures by temperature programmed gas chromatography
ASTM D7940-14	Standard practice for analysis of liquefied natural gas （LNG） by fiber-coupled raman spectroscopy
JIS K 2301:2011	燃料ガス及び天然ガス—分析・試験方法
ISO 6142:1981*	Gas analysis -- Preparation of calibration gas mixtures -- Weighing methods
ISO 6142:2001*	Gas analysis -- Preparation of calibration gas mixtures -- Gravimetric method
ISO 6974:1984*	Natural gas -- Determination of hydrogen, inert gases and hydrocarbons up to C8 -- Gas chromatographic method
ISO 6974-1:2000*	Natural gas -- Determination of composition with defined uncertainty by gas chromatography -- Part 1: Guidelines for tailored analysis
ISO 6974-2:2001*	Natural gas -- Determination of composition with defined uncertainty by gas chromatography -- Part 2: Measuring-system characteristics and statistics for

processing of data

ISO 6974-5:2000* Natural gas -- Determination of composition with defined uncertainty by gas chromatography -- Part 5: Determination of nitrogen, carbon dioxide and C1 to C5 and C6+ hydrocarbons for a laboratory and on-line process application using three columns

ISO 6975:1986* Natural gas -- Determination of hydrocarbons from butane （C4） to hexadecane （C16） -- Gas chromatographic method

NGPA 2261-72* Method of analysis for natural gas and similar gaseous mixtures by gas chromatography

GPA 2261-86* Analysis for natural gas and similar gaseous mixtures by gas chromatography

GPA 2261-90* Analysis for natural gas and similar gaseous mixtures by gas chromatography

JIS K 2301:1992* 燃料ガス及び天然ガス—分析・試験方法

【分析（不純物）】

ISO 6326-1:2007 Natural gas --Determination of sulfur compounds -- Part 1: General introduction

ISO 6326-3:1989 Natural gas --Determination of sulfur compounds -- Part 3: Determination of hydrogen sulfide, mercaptan sulfur and carbonyl sulfide sulfur by potentiometry

ISO 6326-5:1989 Natural gas --Determination of sulfur compounds -- Part 5: Lingener combustion method

ISO 6978-1:2003 Natural gas --Determination of mercury -- Part 1: Sampling of mercury by chemisorption on iodine

ISO 6978-2:2003 Natural gas --Determination of mercury -- Part 2: Sampling of mercury by amalgamation on gold/platinum alloy

ISO 16960:2014 Natural gas -- Determination of sulfur compounds -- Determination of total sulfur by oxidative microcoulometry method

ISO 19739:2004 Natural gas -- Determination of sulfur compounds using gas chromatography

ISO 20729:2017 Natural gas -- Determination of sulfur compounds -- Determination of total sulfur content by ultraviolet fluorescence method

GPA 2199-99 The determination of specific sulfur compounds by capillary gas chromatography and sulfur chemiluminescence detection

ASTM D3246-15 Standard test method for sulfur in petroleum gas by oxidative microcoulometry

ASTM D4084-07 Standard test method for analysis of hydrogen sulfide in gaseous fuels（Lead acetate reaction rate method）

ASTM D4468-85 Standard test method for total sulfur in gaseous fuels by hydrogenolysis and rateometric colorimetry

ASTM D5504-12 Standard test method for determination of sulfur compounds in natural gas and

	gaseous fuels by gas chromatography and chemiluminescence
ASTM D7551-10	Standard test method for determination of total volatile sulfur in gaseous hydrocarbons and liquefied petroleum gases and natural gas by ultraviolet fluorescence
JIS K 2301:2011	燃料ガス及び天然ガス—分析・試験方法
JIS K 2541-1:2003*	原油及び石油製品—硫黄分試験方法 第1部：酸水素炎燃焼式ジメチルスルホナゾIII滴定法
JIS K 2541-2:1992	原油及び石油製品—硫黄分試験方法 第2部：微量電量滴定式酸化法
JIS K 2541-3:2003	原油及び石油製品—硫黄分試験方法 第3部：燃焼管式空気法
JIS K 2541-4:2003	原油及び石油製品—硫黄分試験方法 第4部：放射線式励起法
JIS K 2541-5:2003	原油及び石油製品—硫黄分試験方法 第5部：ボンベ式質量法
JIS K 2541-6:2013	原油及び石油製品—硫黄分試験方法 第6部：紫外蛍光法
JIS K 2541-7:2003	原油及び石油製品—硫黄分試験方法 第7部：波長分散蛍光X線法（検量線法）
ISO 6326-1:1989*	Natural gas -- Determination of sulfur compounds -- Part 1: General introduction
ISO 6326-2:1981*	Gas analysis -- Determination of sulphur compounds in natural gas -- Part 2: Gas chromatographic method using an electrochemical detector for the determination of odoriferous sulphur compounds
ISO 6326-4:1994*	Natural gas -- Determination of sulfur compounds -- Part 4: Gas chromatographic method using a flame photometric detector for the determination of hydrogen sulfide, carbonyl sulfide and sulfur-containing odorants
JIS K 2301:1992*	燃料ガス及び天然ガス—分析・試験方法
JIS K 2541:1996*	原油及び石油製品—硫黄分試験方法

【熱量計算】

ISO 6578:2017	Refrigerated hydrocarbon liquids -- Static measurement -- Calculation procedure
ISO 6976:2016	Natural gas --Calculation of calorific values, density, relative density and Wobbe indices from composition
ISO 12213-1:2006	Natural gas -- Calculation of compression factor -- Part 1: Introduction and guidelines
ISO 12213-2:2006	Natural gas -- Calculation of compression factor -- Part 2: Calculation using molar-composition analysis
ISO 12213-3:2006	Natural gas -- Calculation of compression factor -- Part 3: Calculation using physical properties
ISO 13443:1996	Natural gas -- Standard reference conditions
IP HM 21	Calculation procedures for static and dynamic measurement of light hydrocarbon liquids (LNG, LPG, ethylene, propylene and butadienes)

GPA 2145-16 Table of physical properties for hydrocarbons and other compounds of interest to the natural gas and natural gas liquids industries

GPA 2172-14 Calculation of gross heating value, relative density, compressibility factor and theoretical hydrocarbon liquid content for natural gas mixtures for custody transfer

ASTM D4784-93 Standard specification for LNG density calculation models

API MPMS 14.5 Calculation of gross heating value, relative density, compressibility factor and theoretical hydrocarbon liquid content for natural gas mixtures for custody transfer

ISO 6578:1991* Refrigerated hydrocarbon liquids -- Static measurement -- Calculation procedure

IP 251/76* Petroleum measurement manual, Part XII Static measurement of refrigerated hydrocarbon liquids, Section I Calculation procedures

GPA 2145-09* Table of physical properties for hydrocarbons and other compounds of interest to the natural gas industry

GPA 2145-03* Table of physical constants for hydrocarbons and other compounds of interest to the natural gas industry

GPA 2145-00* Table of physical constants for hydrocarbons and other compounds of interest to the natural gas industry

GPA 2145-86* Table of physical constants of paraffin hydrocarbons and other components of natural gas

GPA 2145-77* Standard table of physical constants of paraffin hydrocarbons and other components of natural gas

GPA 2145-75* Standard table of physical constants of paraffin hydrocarbons and other components of natural gas

GPA 2172-09* Calculation of gross heating value, relative density, compressibility and theoretical hydrocarbon liquid content for natural gas mixtures for custody transfer

GPA 2172-96* Calculation of gross heating value, relative density, compressibility factor for natural gas mixtures from compositional analysis

索　引

春田 三郎　はるた さぶろう

1957年生まれ。京都市出身。

1978年　国立富山商船高等専門学校（現 富山高等専門学校）航海学科卒業後、大阪商船三井船舶株式会社（現 株式会社商船三井）入社。航海士として海上勤務。同社より国立粟島海員学校への出向を経て、

1985年　社団法人日本海事検定協会（現 一般社団法人日本海事検定協会）入会。

1992年　シティー・オブ・ロンドン・ポリテクニック　ディプロマ課程修了

2004年　検査第二部LNGチーム・チームリーダー。以降同チームにおいてLNGに関連する検査業務を統括する傍ら、ISO/TC 28/SC 5 WGコンビーナとして液化ガスの計量に関わる国際規格の開発及び改訂を主導。

2004年　ニューヨーク州立大学卒業

2008年　英国立エクセター大学修士課程修了

2017年　日本海事検定協会を退職。

現在は、LNGの計量に関わるコンサルティング業務を行うとともに、内外において企業向け研修を実施している。

LNGの計量（えるえぬじーのけいりょう）　船上計量から熱量計算まで

定価はカバーに表示してあります。

2019年6月28日　初版発行

著　者　春田三郎
発行者　小川典子
印　刷　亜細亜印刷株式会社
製　本　株式会社難波製本

発売元 株式会社 成山堂書店
〒160-0012　東京都新宿区南元町4番51　成山堂ビル
TEL：03(3357)5861　FAX：03(3357)5867
URL　http://www.seizando.co.jp

落丁・乱丁本はお取り換えいたしますので，小社営業チーム宛にお送りください。

ISBN978-4-425-32161-2